시베리아 바이칼 호

유라시아 철도여행

발트3국 버스여행

유라시아 철도여행
발트 3국 버스여행

초판 발행일 2016년 08월 31일   2판 발행일 2016년 10월 1일

지은이   김 건 정
펴낸이   손 형 국
펴낸곳   (주)북랩
편집인   선일영   편집   김향인, 권유선, 김예지, 김송이
디자인   이현수, 신혜림, 이정아, 김민하   제작   박기성, 황동현, 구성우
마케팅   김회란, 박진관, 오선아
출판등록   2004. 12. 1(제2012-000051호)
주소   서울시 금천구 가산디지털 1로 168, 우림라이온스밸리 B동 B113, 114호
홈페이지   www.book.co.kr
전화번호   (02)2026-5777   팩스   (02)2026-5747

ISBN   979-11-5987-157-3 03980(종이책)   979-11-5987-158-0 05980(전자책)

이 도서의 국립중앙도서관 출판예정도서목록(CIP)은 서지정보유통지원시스템 홈페이지(http://seoji.nl.go.kr)와
국가자료공동목록시스템(http://www.nl.go.kr/kolisnet)에서 이용하실 수 있습니다.
(CIP제어번호: CIP2016020837)

성공한 사람들은 예외없이 기개가 남다르다고 합니다.
어려움에도 꺾이지 않았던 당신의 의기를 책에 담아보지 않으시렵니까?
책으로 펴내고 싶은 원고를 메일(book@book.co.kr)로 보내주세요.
성공출판의 파트너 북랩이 함께하겠습니다.

자유
여행

시베리아 바이칼 호

유라시아 철도여행
발트3국 버스여행

도전과 모험정신으로 똘똘 뭉친
대 한 민 국 　 장 년 의
이 색 　 배 낭 여 행

김건정 지음

북랩 **book** Lab

프롤로그

●

　　우리에게 '러시아'라는 나라는 왠지 으시시하다. 1970년대 초만
하더라도 동서 냉전 체제하에서 세계 질서는 미국과 소련의 양대
진영의 패권 경쟁이었다. 소련에서는 인민은 물론 외국인들도 KGB
의 공포를 느끼며 살아야 했다. 1991년 고르바초프 대통령에 의하
여 개혁 개방 정책이 실현되면서 인구 약 3억 명, 15개국으로 뭉쳐
졌던 거대한 '소비에트 사회주의 연방'이 해체되고 소련은 러시아로
환원되었다. 대한민국도 1988년 서울 올림픽 개최 이후 급속도로
교류가 많아지고 한-러 '비자 면제 협약' 체결로 2014년부터 무비자
여행이 실현되면서 러시아 여행 욕구를 충족하게 되었다.

　　이 책은 러시아를 두루 여행하고자 하는 여행자들 특히 시베리
아 횡단 열차 편으로 안내자 없이 배낭 여행하는 사람들을 위한
안내서 겸 경험 나누기 차원에서 집필되었다. 여행사를 통하여 수
도인 모스크바와 제2의 도시 상트 페테르부르크 정도를 단체 관광

하는 사람들이 많다. 그러나 러시아는 세계 최대의 국가이고 지역별 시간대(시차)가 11시간에 이르는 나라이다. 동서 길이 1만 ㎞의 대국이다. 유럽 땅에 위치한 러시아의 두 도시만을 보고 러시아를 보았다고 할 수는 없다. 광활한 땅을 둘로 나눈다면 우랄 산맥을 경계로 하여 동쪽 끝 태평양 연안까지를 시베리아라고 한다. 북쪽은 북해, 북극으로부터 남쪽 중국, 몽골 국경까지이다. 러시아는 이렇게 두 대륙(유럽과 아시아)에 걸쳐 유라시아(Eur-Asia) 대국을 이루고 있고 제대로 보려면 시베리아 횡단 열차로 여행해야 한다. 자동차 도로는 아직 미비하여 위험하며 항공편으로 횡단하는 것은 의미가 없다.

우리에게 '시베리아'는 또 어떤가. 우선 몇 가지가 공통적으로 떠오를 것이다. 사람이 살기 어려울 정도로 추운 혹한, 정치범으로 몰린 인사들의 유배지, 흉악 범죄인들의 강제 노동수용소, 북한 노동자들의 노예생활 같은 벌목장… 이렇게 동토凍土인 시베리아는 부정적인 단어들을 나열하기에 열 손가락으로도 부족하다. 반면에 긍정적인 단어도 늘고 있다. 영화 〈닥터 지바고〉에서 보듯 아름다운 설국, 무한한 지하자원, 특히 석유와 가스는 축복이다. 환상적인 바이칼 호수, 자작나무와 삼나무로 대변되는 삼림 목재 자원, 시베리아 호랑이, 북극곰, 보드카, 발레와 서커스, 음악 그리고 개혁 개방 정책 이후 활발해진 사실상 국교인 러시아정교회의 아름다운 성당과 수도원들… 이들이 보존하고 있는 건축, 미술과 음악은 관심 있는 사람들에게 또 다른 흥미와 호기심을 불러일으킨다.

필자는 평범한 대한민국 장년이다. 여러 차례 도전과 모험을 하는 마음으로 단독 배낭 여행에 나선 바 있다. 이번에도 생존을 위한 몇 마디 러시아어 회화 실력만으로 블라디보스토크로 날아갔다. 시베리안 철도(TSR, Trans-Siberian Railways)는 북경 출발 루트와 블라디보스토크 출발 루트 두 경로가 있는데, 필자는 블라디보스토크를 출발하여 바이칼 호에 있는 알혼 섬을 보고 카잔과 블라디미르(수즈달)를 거쳐 모스크바로 달리는 루트를 택하였다. 이 노선을 택한 이유 중 하나는 대한제국 시대 말부터 해방시기까지 한민족이 연해주에 이주하여 정착하고 강제 이주로 많은 희생을 치른 신한촌(블라디보스토크)과 고려인 유적(우수리스크)을 꼭 가보고 싶었기 때문이다.

여행 전문가가 아닌 배낭 여행자의 좌충우돌식 경험을 가감없이 나눔으로써 시베리아 횡단의 꿈을 지닌 후배들에게 도움을 줄 수 있었으면 하는 마음 간절하다. 이 책을 꼭 써야겠다고 마음 먹은 계기가 또 하나 있다. 이미 나와 있는 여행 관련 책들이 너무나 전문지식이 없이 쓰여졌음을 알고 안타까웠기 때문이다. 러시아는 러시아정교회를 모르고는 논할 수 없다. 사진을 찍고 보면 대부분 양파 모양 돔을 가진 아름다운 정교회 성당들이고 몇 군데 크렘린이라는 궁전 유적이 있다. 정교회 성당을 '우즈펜스키 사원'이라고만 써 놓으면 독자에게 도움이 될까? 적어도 '성모 승천 대성당'이라고 해설해 주어야 한다. 돔 성당은 '주교좌 대성당'이라고 설명해야 한다. 돔 자체가 주교좌 대성당이다. 발트 3국은 유로화를 쓴 지 오래

되었는데 옛 화폐를 사용한 여행담은 신선하지 않다. 유럽 도시의 공원에서 물탱크를 찍어와서 좋은 경치라고 올린 사진은 애교로 봐 주자.

  매끄럽지 않은 글이나 사진을 어여삐 보아주시고 앞으로 여행할 독자님들에게 주님의 축복이 함께하시길 빈다.
끝으로 예년에 없던 폭염 속에서도 책을 깔끔히 만들어준 북랩 출판사에도 감사한다.

2016년 8월
지은이

고유명사 표기

러시아는 영어가 잘 통하지 않는 몇 나라에 속한다. 모스크바 같은 국제적인 대도시의 주요 관광지에서는 조금 통하지만 이 책을 읽는 독자는 이런 대도시만을 관광하려는 여행자가 아닐 것이다. 또한 고유명사나 지명 표기에 책마다 외국어 한글 표기가 달라서 혼란스럽다. 예를 들면 러시아 옛 수도였으며 지금도 제2의 도시인 St. Peterburg라는 지명이 있다. 알파벳으로 써 놓은 것을 읽으면 다음 몇 가지로 나누어진다.

(1) **쎄인트 피터버그:** 영문 표기로는 'Saint-Peterburg'다. 영어식 발음으로 읽는다. 세계 교회에 우뚝 선 예수님의 수제자 성 베드로 사도의 이름을 딴 도시명인데, 이 고유명사가 정작 본토 러시아로 가면 완전히 달라진다. 러시아 사람들은 이렇게 써 놓으면 '샹크트 뻬째르부르그'라고 읽는다. 한국 국립국어원 공식 입장은 외국어는 소리 나는 대로 읽는 것이다. 따라서 예전에는 일본 수도를 동경이라고 배웠는데 요즘은 이런 표기가 사라졌다. '도쿄'라고 읽고 쓴다.

이 원론적인 발음에 따르면 '쌍크트 뻬째르부르그'가 맞다. 요즘 온라인에 표기된 이 도시 이름은 각양각색이다. 사족을 붙이자면 '부르그 Burg'는 햄버거나 치킨 버거의 뜻이 아니라 16세기 자본주의가 발달하면서 부를 축적한 도시 상인, 시민들이 해적이나 반란군으로부터 자체 방어를 위해 성곽으로 방어성을 쌓은 작은 도시를 의미한다. 그래서 서유럽엔 무슨 ~Burg라는 지명이 많다. 독일 함부르그는 Hamburg인데 맥도널드 햄버거가 되었다. 달리 표기되는 여러 유형을 보자.

- **세인트 페테르부르그:** Sky scanner 홈페이지와 같은 세계적인 항공, 호텔, 렌트카 회사 등에서 표기 방법
- **상트 페테르부르크:** 구글에서 제공하는 한글지도에서 표기 방법이다. 이 도시는 한때 '빼드로 그라드'라고 했다가 다시 20세기엔 '레닌그라드'라고 부른 러시아 수도였다. 1991년 소련 개혁 개방 후 원래 이름을 되찾았다.
- **상뜨 빼째르부르그:** 현지 한인 작성 관광 안내 지도에서의 표기 방법. 현지인 발음에 근접하다.
- **성 베드로 도시:** 순 한국식 표기 방법
- **삐째르부르기:** 러시아 현지인들은 쌍크트를 아예 뺀다. 그냥 '삐째르'라고 부르기도 한다.

이렇게 다양한 발음을 보더라도 책에 어떤 발음을 쓸 것인가는 망설여진다. 그래서 현지인 발음대로 쓰면 독자는 혼란스럽게 될 것이다.

따라서 이 책에서 자주 나오는 주요 고유명사는

① 한글 표기를 먼저 하고, 괄호에 세계 공통으로 쓰이는

② 영어 표기를 하고 그 뒤에

③ 러시아어를 쓰는 것을 원칙으로 한다.

예컨대, 상트 페테르부르크(St. Peterburg, Санкт-Петербург)라고 표

기하는 것이다. 러시아어를 군이 병기하는 이유는 여행자들이 현지에 도착했을 때 철도나 버스 역 이름 정도는 현지어로 읽을 수 있어야 편리하고 고생을 덜 하기 때문이다. 예를 들면 여행자에게 익숙한 구글 지도에서 지명을 검색할 때 한글이나 영어 표기가 정확하지 않아 못 찾을 때가 있다. 이럴 때 러시아어 명사를 복사, 입력하면 잘 나오기도 한다. 눈에 익혀두는 것만으로도 족하다. 또 하나는 러시아어로 역 이름이나 간판을 읽을 수 있으면 기쁘다. 필자는 개인적으로 여행의 즐거움으로 여긴다. 모스크바를 뫄스크봐로 발음해 보면 재미있다.

화폐 표기

러시아 화폐는 루블(Ruble, Рубль)이다. 2016년 7월 현재 1루블은 한화 약 18원 내외에서 등락하고 있다. 2년 전에 비하면 루블 가치가 절반 이하로 폭락하여 여행자는 신나고 현지인들은 고통스럽다고 한다. 루블 가치는 석유 값 폭락과 관련이 있다.

쇼핑할 때 보면 가격표에는 루블Рубль이라고 써 붙이지 않는다. 미국 달러 표시를 "$"로 하듯이 러시아에서는 "P"라고 써 붙인다. 러시아어 알파벳 "P"는 영어 "R" 발음이다. 그래서 100루블짜리이면 "100 P"라고 써 놓고 "스토 루블레이"라고 읽는다. 루블은 러시아어로 Рубль이다. 그래서 첫 자 "P"는 루블을 뜻한다. "P" 글자 기둥 부분에 두 줄을 긋기도 한다. 루블 발음은 숫자(액수)에 따라 단수, 복수를 다르게 한다. 예컨대 단수 1은 1루블, 2부터 4까지는 루블랴, 5부터는 루블레이 같은 식이다. 처음부터 복잡하면 안 되므로 이 정도만 한다. 100루블은 "스토 루블레이"이다. 뒤쪽 발음은 우물우물하는 경향이 있으므로 우리 귀에는 모두 "루블"로 들린다. 또 우리가 '스토 루블!' 해도 고맙게 알아듣는다. 그러니 너무 걱정할 것 없다. 이 책에서는 단수, 복수 가리지 않고 일률적으로 "루블"이라고 썼다.

철도 용어와 루트

'ПЖД'는 러시아 철도공사의 약자 로고이다. 이 철자를 필기체로 써서 모든 열차에 붙였는데 "프쉬드"라고 발음한다.

또 하나 알아야 할 상식은 러시아 철도는 레일 폭이 광 궤이다. 우리나라를 비롯한 대부분의 국가는 표준 궤를 쓴다. 광궤는 두 레일간 간격이 1,520㎜이다. 표준 궤 1,435㎜에 비해 85㎜나 넓기 때문에 열차 폭이 더 넓고 안정성이 있다. 또한 레일도 긴 장대형을 쓰기에 좌우 롤링(진동)이 적은 장점이 있다. 참고로 일본은 신간선 등 최근 부설된 철도는 표준 궤이다.

교회 명칭 표기

　러시아정교회는 그리스정교회와도 다르기에 '러시아정교회 성당'으로, 가톨릭 교회는 "가톨릭 성당"으로 그리고 루터교 등은 개신교 루터교회 등으로 표기했다. 대성당이란 원래 지역 주교님이 상주하는 주교좌 대성당을 뜻한다. 또한 정교회는 국가 교회 성격이라 정교회 앞에 국가를 붙인다(예: 한국정교회).

제1부

유라시아
시베리아 철도 여행의 꿈

유라시아와
시베리아 횡단 열차

유럽과 아시아는 하나의 대륙이다. 그러나 동쪽 지역과 서쪽 지역이 인종과 언어 그리고 문화가 다르기에 유럽인들의 시각과 잣대로 유럽과 아시아를 다른 대륙처럼 나눠 놓았다. 지구는 오대양 육대주인데, 육대주는 아시아, 유럽, 북아메리카, 남아메리카, 아프리카 그리고 오세아니아 대륙을 일컫는다. 세계에서 두 대륙에 걸쳐 있는 나라는 러시아가 유일하다. 땅이 얼마나 클까? 약 1,700만 ㎢이다. 좀체 실감이 안 난다. 우리나라와 비교해보면 현재 남한 면적의 약 170배나 되고 미국의 2배나 된다. 그런 거대한 땅의 약 40%가 시베리아이다. 시베리아는 그 혹독한 날씨에 저밀도 인구이기에 교통수단이 발달할 수가 없었다. 철도가 부설되기 전에는 모스크바에서 블라디보스트크까지 가는 데 1년이 걸렸다고 하니 국가 경영이 제대로 될 리 없다. 그래서 러시아는 시베리아 지역을 개발하기 위해 시베리아 횡단 철도 건설을 하게 된다.

시베리아
횡단 철도 건설 이야기

제정 러시아가 기틀이 잡힌 시기인 1891년 짜르라고 불렸던 알렉산더 3세 황제는 "시베리아 대도로 건설안"을 공포한다. 시

유라시아 철도 여행(21일간) 지도

지도 1. 시베리아 횡단 철도 여행 지도

초창기 화물 열차(1916년)

시베리아 횡단 철도 종착역 블라디보스토크
에 있는 이정표 탑. 표지석에 있는 노선 길이
는 9,288㎞이다.

19

베리아 철도위원회를 발족하고 초대 위원장에 니콜라이 2세 황태자를 임명한다. 힘을 실어주고 강력히 추진하기 위해서이다. 젊은 황태자와 교통부 장관은 프랑스로부터 거액의 차관을 도입하여 10년 만에 첼랴빈스크 블라디보스토크 구간을 완공한다. 약 7,300㎞ 길이지만 전 노선 완공은 아니었다. 제2차 공사는 13년이 지난 1916년에야 완공한다. 총 길이는 모스크바를 기점으로 잰다. 그러므로 모스크바에서부터 시작하여 블라디보스토크까지 9,288㎞이다. 엄밀히 말하면 이후 동쪽에 레일 공사가 연장되어 약 9,466㎞ 길이이다. 단선을 복선으로 완성한 것은 1937년 경이다. 서울에서 부산까지 20번 왕복하는 장거리이다. 대부분의 한국 여행자들은 종점인 블라디보스토크에서부터 역방향으로 모스크바로 가는 셈이다.

이 철도 완공은 아마도 인류 최대의 난공사이고 의미가 큰 공사일 것이다. 건설 장비도 열악하고 기후도 겨울엔 영하 60도까지 내려가며 여름엔 홍수가 나서 다 떠내려가고, 무엇보다도 시베리아 지역 인구가 적어 노동자를 구하기 어려워서 다수의 중국인과 소수의 한국인 그리고 죄수도 동원했다고 한다. 안전사고와 집단생활에 따른 영양실조, 전염병, 가혹 행위 등으로 약 1만 명이 사망했다고 하니 오늘날 우리는 이들의 고귀한 희생 덕에 편한 여행을 하는 셈이다.

대한민국에서 첫 고속도로가 생긴 것은 1970년이다. 불과 428㎞인 경부고속도로를 건설하는 데도 당시 약 500억 원이 들었고 연인원 약 900만 명에 사망자가 77명이라고 나와 있다. 시베리아 횡단철도 공사 때보다 훨씬 양호한 건설 장비와 기술을 가지고도 그 정도이니 시베리아 철도 공사가 얼마나 대단한 공사였는가 상상할 수 있다. 지도 1을 보면 흥미로운 에피소드를 연상시킨다. 몽골 위에 바이칼 호수가 길쭉하게 자리 잡고 있다. 말이 호수이지 바다 같은 곳으로 남북이 약 640㎞ 정도로 발트 해 정도의 규모이다. 철도는 이 거대한 호수를 통과해야 하는데 다리를 놓을 수도 없고 우회도 어려워서 초대형 바지선을 영국에서 만들어 왔다. 이 바지선에 철도를 깔고 열차를 태운 다음 천천히 항해했다. 그러므로 철도와 선박의 연결인데 너무나 번거롭고 힘들어서 결국 현재의 노선(울란-우데에서~ 슬루단카)을 신설했다. 이 철도 길이가 자료마다 다르다. 어떤 책은 9,466㎞로 되어 있으나 블라디보스토크에 설치된 표지석은 9,288㎞로 공식 표기하고 있다. 전 루트는 700여 개의 크고 작은 역이 있는데 이중에서 무인 간이역 등을 제외하고 59개의 역을 지나는데 모든 역을 다 서는 것이 아니라 열차마다 다르다. 예를 들어 한국에서도 KTX와 무궁화호가 정차 역이 다르듯이 특급과 급행, 완행이 다 있으므로 어느 역에 정차하는지 미리 연구하는 것이 필요하다. 열차 내에 시간표와 정차 시간 등을 붙여두었다.

이 책에서는 블라디보스토크로부터 출발하여 헬싱키까지 쉬엄쉬엄 놀며 여행하는 루트로 중요 역 16개와 그 주변 볼거리를 소개한다. 이 도시들은 철도가 부설되기 전에는 인적이 끊긴 마을 수준이 었다. 그러나 철도 개통 이후 급격히 발달한 도시들이다.

시베리아 횡단 열차를 타고
여행하는 이유는?

지금은 디지털 시대이다. 생활패턴이 인터넷 속도로 변하고 있다. 음식도 급속 조리하여 빨리 먹고 일어서야 직성이 풀린다. 주문한 음식이 나오는 동안에도 스마트 폰으로 뭔가 검색하고 이미지나 동영상을 보지 않으면 이상할 정도이다. 사람과 사람 사이에 대화가 적어지고 눈이 피로해지는 세상이다.

그런데 이런 생활 패턴을 탈피하여 아날로그식 여행을 즐기는 사람들도 늘고 있다. 어떤 카페에서 재미있는 설문 조사를 한 적이 있다. "당신은 왜 시베리아 횡단 열차를 타시려 합니까?"라는 질문에 여러 개의 이유 중 하나를 선택하는 것이 주된 설문 내용이었다. 그 결과 가장 많은 점수를 받은 항목이 "그저 타 보고 싶어서…"였다. 단순히 열차를 탄다고 하면 우리나라에도 경부선, 호남선, 경춘선 등 열차는 많다. 그러나 이 선택의 이면에는 평균 시속 70~80㎞로 시베리아 벌판을 횡단하며 느긋하게 여행을 즐기려는 심리가 있다고 보아야 한다. 그래서 서두른다고 빨리 가는 것이 아니다. 열차에서 먹고 자고 앞사람, 옆사람과 대화하고 지구촌 촌민이 되어 보는 것이다. 이웃과 소통하는 언어는 영어와 러시아어인데 영어는 외국인끼리 가능하고 러시아인과 영어 대화는 안 된다고 보아야 한다. 그러면 어느 쪽이 아쉬울까? 러시아어를 못하는 여행자가 답답하고 때론 불이익을 받게 되어 있다. 그러므로 포켓용 러시아 회화책을 들춰가며 소통하는데 이것을 즐기면서 가야 한다. 수많은 여행자가 한국 상표 도시락 라면을 끓여 먹고 흘렙이라 불리는 러시아 흑빵이나 소시지를 나눠 먹으며 친교하는 공간이 시베리아 횡단 열차이다. 열차 내에서는 병아리 세수나 가능하고 머리를 감거나 샤워가 불가능하기 때문에 옛날 그때 그 시절 여행 맛을 볼 수 있는 철도여행이다. 도심에서 경쟁적으로 공부하고 일하며 바빠 살다가 눈 덮인 시베리아 대평원을 바라보고 잠시 영화 "닥터 지바고"의 주인공을 떠올리거나 톨스토이의 소설 "전쟁과 평화"를 읽는 것도 즐거움이다. 이렇게 몸과 마음을 느긋하게 쉬며 가는 것도 평생에 한 번쯤 필요하지 않을까?

이렇게 아날로그와 슬로 모드를 통해 지쳤던 내 심장박동 속도를 늦추기 위해 떠난 여행이었다. 또한 이 길은 옛날 1896년 시베리아 철도가 한창 건설 중일 때 민영환 선생이 러시아 니콜라이 2세 황제 대관식에 참석하느라 일부 구간을 이용한 철길, 1918년엔 헤이그 만국 평화회의에 순국열사 3명이 여행했던 그 철길, 1936년 손기정 선수가 베를린 올림픽 마라톤에 출전하느라 지났던 그 철길, 1937년 10월에는 스탈린 명령으로 연해주에서 평화롭게 살던 한민족 약 17만 명이 단 하룻밤 여유를 주고 보따리 싸라고 하여 중앙아시아 지역으로 강제 이주 당할 때 가축 수송용 화물차에 실려 42일간이나 여행 아닌 고난의 길을 갔던 그 철길을 따라 여행하는 것이라 역사적 의미도 있는 길이다.

시작이 반이다. 도전과 모험 정신이 없는 사람은 정신적 노인이다.

시베리아 횡단 철도에는 북한 객차 1량이 맨 뒤에 연결되어 운행한다. 블라디보스토크 이전 역인 우수리스크에서는 평양으로 가는 분기점이 있다. 대한민국도 어서 철도를 연결하고 첨단 고급 객실을 연결하여 운행(서울 ↔ 모스크바)할 날을 기원해 본다. 2015년에 러시아 철도공사 사장이 내한하여 철도 연결사업을 논의한 바 있는데 북한이 반대하여 아직 성과가 없다.

유라시아 철도여행
발트 3국 버스여행

러시아인들이 생각하는
시베리아 횡단 철도

    시베리아(러시아어 시비리, 시비리 칸국 지명에서 유래) 철도는 시베리아 지역 주민들과 옛 연방국(우즈베키스탄, 벨라루스 등) 가난한 주민들이 애용하는 열차이다. 이들은 건설 인력이 부족한 동부지역인 하바로프스크나 블라디보스토크 지역에서 일하고 일이 끝나거나 휴가 때 많이 탄다. 주말이나 성수기 때는 그래서 좌석 구하기가 쉽지 않다. 한국이나 외국 여행자처럼 전 구간(9,288㎞)을 타는 승객은 없다고 보아야 한다. 일주일씩 열차를 타는 것은 대단한 인내심을 필요로 한다. 대부분의 승객은 울란-우데나 이르쿠츠크에서 내린다. 따라서 이르쿠츠크를 지나고 우랄 산맥을 지나면 승객이 줄고 다시 블라디미르에 가면 통근 열차 개념으로 이용객이 많아진다. 블라디보스토크에서 모스크바까지 전 구간을 타는 것은 러시아인들도 끔찍하게 생각하고 특히 한국 여행자들에게 놀람을 표시한다.

    사실 역사적으로 보면 러시아가 원래 강국은 아니었다. 서유럽 국가들은 러시아가 통일된 강대국도 아니고 변방의 이류 야만족처럼 여겼다. 몽골에 정복당하여 200년 이상을 식민지로 살기도 했다. 그러다가 1547년 잔혹한 독재자로 유명한 이반 4세가 황제(짜르)를 자칭하고 주변의 왕국을 차례로 정복해 나갔다. 1640년에 비로소 몽골계 브랴트족을 정복하여 울란-우데와 바이칼 호 지역을 확보하고 동방을 바라보게 되었다. 러시아 사람들이 시베리아를 중요

25

하게 생각하게 된 동기는 의외에도 모피 조달에 있다. 추위에 건디려면 모피보다 좋은 재료가 없던 시절이라 위로는 모자로부터 외투 및 장갑과 부츠까지 모피 수요가 폭발하자 시베리아로 눈을 돌리게 된다.

시베리아 철도 개통은 산업화에 엄청난 긍정적 효과를 가져왔다. 물류 이동이 원활해지고 인적 교류가 활성화되면서 시베리아도 버려진 땅이 아니라 무한한 개척 여지가 있는 블루 오션으로 인식된 것이다. 강에 다리가 놓이고 역 주변에 마을이 형성되며 생활 수준이 높아짐에 따라 예술, 문화생활에도 눈을 뜨게 된다.

러시아는 공산주의 체제에서 사회주의로, 이제 자본주의 사회로 옮긴 나라이다. 대 도시에서 보면 부동산 부자가 많다. 아파트 임대료는 대한민국 못지않게 비싸다. 개인 주택이 없었는데 어떻게 부동산 부자가 속출했을까? 뜬금없이 러시아의 부동산 정책에 호기심이 든다.

모스크바 노보데비치 수도원

제2부

시베리아
횡단 열차(TSR) 여행준비

자료 수집과 예약

이 책에서 나름 여러 가지 정보를 제공하고 경험담을 나누지만 개인별 취향과 여행 목적이 다르므로 자료와 정보수집이 필요하다. 시베리아 횡단 철도 여행자들은 어떤 사람들이 많을까?

공식 통계는 아니지만 어떤 언론사나 단체에서 기획한 여행이 아니고 개별 여행자는 대략 분류가 된다. 성수기인 여름 휴가 시즌(7월~8월)에는 젊은 직장인과 대학생이 많다. 요즘은 성수기, 비수기 구별이 무의미하기도 한데 군이 여행 목적을 알아보면 대략 세 가지로 분류할 수 있다. 첫 번째는 군대 입대를 앞두거나 갓 전역을 한 남자가 기념 삼아 여행하는 경우가 많다. 두 번째는 직장을 그만두고 재취업을 준비하는 기간에 훌쩍 여행하는 여자들이 많다. 세 번째는 북유럽이나 발트 3국 등 유럽을 여행하는 사람들이 기왕이면 시베리아 횡단 열차로 여행하며 바이칼 호수도 가 보자는 레저 또는 테마 여행의 성격을 띤 경우이다. 따라서 자기 여행 목적에 맞는 자료와 정보를 수집해야 시행착오를 줄일 수 있다. 필자의 경우 동방교회의 전례와 음악, 미술을 보고자 여행을 했고 어떤 이는 디자인 연구차 헬싱키로 가는 경우도 있었다.

전문 분야 업무가 아닌 일반 여행자가 필요로 하는 자료와 정보는 이 책과 인터넷 검색에서 대부분 섭취할 수 있다. 한 가지 유의할 점은 과거 러시아 여행자들의 상식이나 토막 지식은 오류가 많아서 선별하여 참고만 해야 할 경우가 많다는 점이다. 10년 전에 올린 자료, 더 가깝게 5년 전에 올린 자료는 때로는 혼란만 초래한다. 러시아 입국 비자가 필요하던 시기의 글이나 루블화 가치가 지금보다 2~3배 비싸던 시기의 물가 이야기 또는 박물관 입장료나 시내 교통 노선이나 요금 정보도 최신 것이 아니면 소용이 없다. 그러므로 최신 정보 획득에 유의해야 한다. 한 가지 더 추가하면 숙박업소 정보도 1년 전과 현재는 다르므로 업데이트된 것을 택해야 시행 착오를 줄일 수 있다.

요즘 시베리아 열차 예매는 인터넷 홈페이지에 접속하면 누구나 할 수 있다. 과거엔 홈페이지에 영문판은 없고 러시아어로만 되어 있었고 또 러시아 국토 내에서만 예매가 가능하여 현지 교민에게 예매를 부탁했다가 돈만 떼이는 경우가 많았다. 숙소도 인터넷으로 얼마든지 예약이 가능하고 또 필수이다. 일찍 할수록 가격도 착하고 주말이나 성수기 마감을 피할 수 있다.

☑️ **알아두면 좋을 관용어**

철도여행이나 버스 여행 때 차표 또는 극장이나 박물관 입장 시에도 표를 티켓이라고 하기보다 '빌렛(Billet, Билет)'을 쓴다. 또한 여권을 제시하라고 할 때에도 빠싸뽀르트(Passport) 대신 서류를 의미하는 '다꾸멘트(Document)' 라고 하기도 하니 염두에 두자.

러시아 철도공사(RZD)
인터넷 회원 가입

어떤 홈페이지든지 이용하려면 회원 가입이 이뤄져야 한다. 러시아 철도공사(Russian railways, RZD, РЖД) 홈페이지[1]에 접속한다. 유의할 점은 간혹 유사 홈페이지에 접속하는 경우가 있다는 점이다. 사설 회사가 티케팅 대행을 해주고 수수료를 붙여 판매하기도 한다.

가입 절차

① 언어 선택: 홈페이지 화면(표1 참조)에서 오른쪽 상단에 그려진 빨간색 타원을 보면 왼쪽에 러시아 국기, 오른쪽에 영국 국기(유니언 잭) 아이콘이 있다. 영국 국기를 클릭하면 영어로 된 화면이 뜬다.

② 파란색 원을 보면 registration이 있다. 인터넷 회원 가입 절차 시작이다.

③ 영어로 기재해 나간다. 대문자와 소문자를 구분한다.

④ 위 그림에 나온 가입 양식에 순서대로 아이디/비밀번호/비밀번호 재확인/성/중간 이름(Middle name은 한국인에게 해당이 없으므로 nmn(No middle name) 또는 공란으로 비워둔다)/이름/전화번호(한국 국가 번호 +82 먼저 부여/e메일 주소/남성 여성 구분/비밀번호 잊었을 때 본인 확인을 위한 힌트/난수 암호를 보이는 대로 기재한다.

⑤ 가장 틀리기 쉬운 항목이 비밀번호 등록이다. 홈피에서는 적어도 8개 이상의 영문, 숫자와 기호를 혼합하여 조합하도록 하고 있다. 한가

---

1 인터넷 주소는 'http://pass.rsd.ru'이다.

유라시아 철도여행
발트 3국 버스여행

지라도 규정에 틀리면 다음 진행이 안된다. 예를 들면 kj_06@-p처럼 하면 된다. 보안용 빨간색 비밀번호를 입력!

⑥ 맨 아래 계정 생성(Create Account)을 클릭!

⑦ 계정 생성이 완료되었으면 녹색 원 안에 Log in이다. 표 1부터 절차에 따라 예약을 영어로 진행한다.

표 1. reservation

러시아 철도 티켓
인터넷 예매 및 e-ticket 발권

열차 운행일 스케줄 조회 ──────────────────

아이디와 비번을 입력하면 다음 안내판이 뜬다. 러시아 철도공사에 회원 가입이 되었으면 본격적으로 예매에 들어간다. 꼭 명심해야 할 사항은 철도 운행 스케줄 조회는 출발일 45일 전부터 가능하다. 그 전에는 달력에 출발일을 입력하고 확인을 해도 게시되지 않는다. 또한 실제 예매는 출발일 30일 전부터 가능하다.

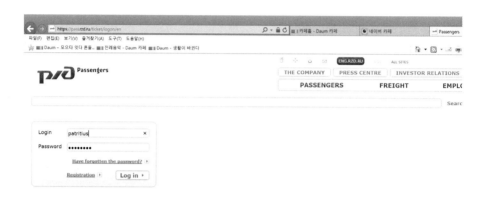

표 2. Log in. 러시아 철도 티켓 인터넷 예매 및 e-ticket 발권 절차 화면

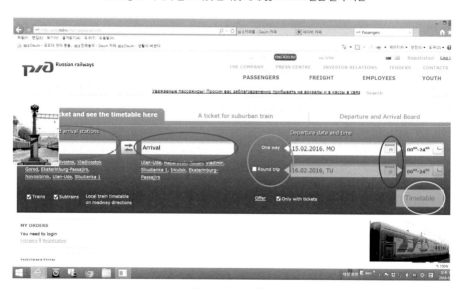

표 3. ticket buying 화면

① 빨간색 타원 안에 출발(Departure)이 있고
② 파란색 타원 안에 도착(Arrival)이 있다. 각 타원 아래 역 이름이 있
   으므로 클릭하면 입력이 된다. 만일 원하는 역 이름이 없으면 영어로
   역 이름을 직접 입력해도 된다. 철자를 틀리지 않도록 유의한다.
③ 녹색 타원 안에 편도인가, 왕복인가 하나를 체크한 후
④ 달력에서 원하는 날짜와 시간대를 선택한다.
⑤ 녹색 타원 밑에 Offer 콤보를 체크한다. 'Timetable'과 'buy ticket'
   두 가지 중 선택할 수 있다. 만일 여기에 'Buy ticket'이라는 글자가
   뜨면 다시 클릭하여 'Timetable'이 나오게 한다. 그러면 다음 화면(
   표3 참조)이 뜬다.

운행시간 선택하기

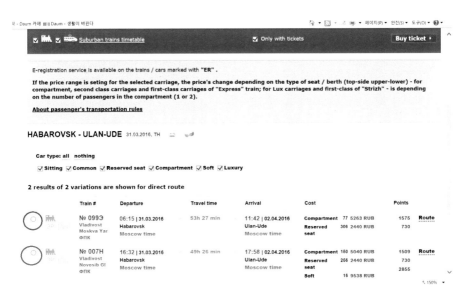

표 3. time table. 운행 시간 선택하기.

① 이 운행표는 2016년 3월 31일 하바로프스크에서 울란-우데 행 열차
   를 검색한 결과이다. 두 개가 검색되었다.
② 시간대를 보고 빨간색이나 파란색을 체크한다.

 자료 보는 법

Trains (열차번호)는 위는 099이고 아래는 007이다. 이 숫자는 0에 가까울
수록 고급, 특급 열차이다. 그러므로 099 열차보다는 007 열차가 빠르고
새 열차라서 쾌적하다. 물론 그만큼 요금이 비싸진다. 001 열차는 러시아호
라고 하여 자랑하는 최고 등급 열차이고 999 열차는 한국으로 치면 무궁
화 열차 같은 노후, 완행열차이다.

Departure(출발)은 빨간색으로 시간을 적어 두었는데 이 시간은 현지 하바
로프 시간이 아니고 모스크바 시간 Moscow time이다. 러시아 철도는 9개
의 시간대를 각각 기준으로 한다. 그래서 혼란을 방지하기 위하여 모든 철
도 시간은 모스크바 시계를 기준으로 한다. 여기서 0615는 모스크바 시간
으로 06시 15분 출발이므로 실제 하바로프스크 역에서는 +7, 즉 7시간을
더하면 13시 15분에 출발하는 열차이다. 매우 중요한 사항이다.

운행에 소요되는 시간이 53시간 27분이라고 나와 있고 '울란-우데' 도착 시
간이 나와 있는데 이 시간 역시 모스크바 시간이므로 실제 '울란-우데'는
+5이다. 그러므로 도착 시간은 11시 42분에서 5시간 더한 16시 42분이 된
다. 우리나라의 모든 철도는 수도 서울이 중심이다. 경부선, 경의선, 경춘선,
경인선 하듯이 마찬가지로 러시아의 철도 중심은 수도 모스크바이다.

If the price range is setting for the selected carriage, the price's change depending on the type of seat / berth (top-side upper-lower) - for compartment, second class carriages and first-class carriages of "Express" train; for Lux carriages and first-class of "Strizh" - is depending on the number of passengers in the compartment (1 or 2).

About passenger's transportation rules

	The type and class of service	Category	Services	Price	Available places	Car plan
Car 07	ФПК					
○	Compartment (2Л)			5 263.40 - 6 544 RUB	Lower 8 / Upper 8	Car plan
Car 11	ФПК					
○	Compartment (2Л)			5 263.40 - 6 544 RUB	Lower 16 / Upper 17	Car plan
Car 10	ФПК					
○	Compartment (2З)	МЖ У1		5 789.40 - 7 070 RUB	Lower 15 / Upper 16	Car plan
Car 01	ФПК					
○	Reserved seat (3Л)			3 428.80 RUB	Lower 18 / Upper 18 / Lower lateral 8 / Upper lateral 8	Car plan

표 4. Car plan

항공기와 열차 좌석 등급 이해하기

　열차 등급을 잘 이해하기 위해서 항공기 등급을 이해하면 용이하다. 가장 많이 애용하는 좌석은 이코노미석이다. 편의상 3등석이라고 하자. 그 위에 비즈니스석이 있다. 의자가 안락하고 앞뒤 좌우 공간이 넓으며 기내식도 질이 다르다. 양주, 포도주 등 맘껏 주문해 마실 수 있으며 가끔 기념품도 준다. 그 대신 이코노미석의 두 배 이상 비싸다. 2등석이라고 하자. 가장 고급 좌석은 퍼스트 클래스석이다. 다른 좌석과 차원이 다르다. 대기업 CEO급 임원이나 국회의원급 귀빈이 탄다. 땅콩 한 줌도 봉지 채 주지 않고 개봉하여 접시에 정중히 담아낸다. 전담 승무원이 밀착 서빙한다. 가히 왕이

37

된 기분이다. 그 대신 항공료는 일반석의 4배 정도 한다. 편의상 1등석이라고 하자. 시베리아 횡단 철도 좌석(침대)도 위와 같다고 보면 된다.

1등석 룩스(Lux)는 2인실이다. 룩스는 호화, Luxury를 뜻한다. 객실 바닥에는 카펫이 깔렸고 화려한 실내 장식이며 침대는 쿠션이 좋다. 샤워도 가능하고 안락하다. 그러나 운임이 3등석의 4배 정도라서 유럽이나 미국 등 부유한 은퇴 노부부가 많이 이용한다. 또한 모든 열차에 룩스 좌석이 있는 것이 아니다. 열차번호 001 정도라야 있다.

2등석 콤파르트멘트(Compartment)는 쿠페(Coupe)라고도 하며 4인실 방이다. 가죽으로 싼 2층 침대가 2개씩 있고 개인 취침 등도 있고 방문을 걸어 잠글 수도 있다. 이 점은 장점이면서 동시에 단점이 될 수 있다. 외국 남자 승객 3명과 한국 젊은 여성 승객 1명이 2박 3일 정도 함께 먹고 자고 한다면 편안할까? 남자 승객과 단둘이 여행할 때 방문을 걸어 잠그면 심리적으로 불안하지 않을까? 이런 우려는 현실적이다. 옷 갈아입고 화장 고치고 낮잠 자고 하는데 남자들 시선이 부담스럽지 않을까? 그래서 2등석은 여자 단독은 피해야 하며 일행이 있거나 한국인 동행이 있다면 좋다. 침구(홑이불, 시트, 베개 커버)는 무료 제공된다. 2등실은 4명이 오붓하게 지낼 수 있다. 빈 좌석은 매트를 저렇게 말아 놓는다. 복도 역시 깨끗하다. 승객들이 지루함을 달래기 위해 여기 나와서 창밖을 구경한다.

3등석(Reserved seat) 또는 플라츠 카르타라고 하는데 6인실이라고 한다. 그러나 실제로는 칸막이가 없고 객차 전체가 한 개의 군대 내무반 같아서 사실상 64인실이다. 6명을 기준하여 4명은 2등실처럼 침대가 배치되어 있고 2명은 통로 건너편에 세로로 놓은 침대에 잔다. 침대도 군대 침대처럼 딱딱하다. 그래도 장점은 있다. 워낙 여러 명이 공동으로 쓰기에 화장실 이용 등은 불편해도 안전하고 이웃과 대화하고 서민들의 생활을 체험하여 여행하는 맛이 난다. 여기저기 코 고는 소리는 자장가로 들어줘야 한다. 요금도 저렴하여 블라디보스토크에서 모스크바까지 30만 원(3등 기준) 정도밖에 안 든다. 사회주의 국가 전통이라 대중 교통비는 싼 셈이다. 개인 침구는 희망자에 한하여 차장이 대여해 준다. 대략 100루블 정도이다. 대부분의 승객은 돈을 내고 쓰는데 현지인들은 대여받지 않고 개인이 가져온 모포를 쓰기도 한다.

일반 좌석(Seat, Sitting) 단거리 노선이나 상트 페테르부르크에서 모스크바, 헬싱키 노선에는 일반 좌석이 있다. 빠르고 고급이다.

✔️ **러시아 시간대 (Time Zone) 보기. Summer Time 적용(4월 1일)**

-1	0	+1	+2	+3	+4	+5	+6	+7	+9
칼리닌그라드/발트 3국	모스크바/St.Peterburg		예카테린부르크	노보시비리스크		이르쿠츠크/울란우데/바이칼		블라디보스토크	캄차카

이제 좌석을 지정할 차례이다. Car Plan(파란색 타원 표시)을 클릭하면 다음 화면이 뜬다. 빨간색 침대 선택(1층 Lower, 2층 Upper)은 1층을 강추한다. 2층은 불편하기 이를 데 없다. 물론 약간의 가격 차이는 있다.

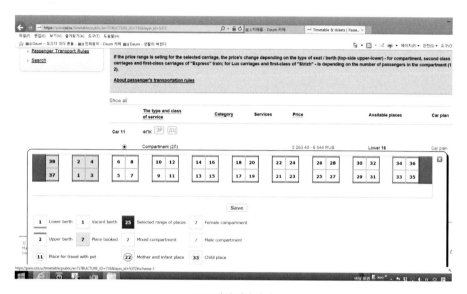

표 6. 좌석 지정 화면

표 6은 침대 번호 배치도이다. 짙은 검정색은 선택할 수 없는 좌석이다. 회색 침대는 이미 판매된 좌석이므로 흰색 좌석을 골라 클릭한다. 아래 보기를 보면 남녀 구분석이 있고 강아지와 동반 가능한 좌석도 있다. 번호 숫자는 홀수가 1층이고 짝수는 2층이다. 그러므로 홀수를 선택한다. 짝수를 선택하면 십중팔구는 후회한다. 맨 왼쪽 좌석(37, 38번)은 원래 승무원실을 좌석으로 판매한 것이다. 다른 쿠페와 달리 공간이 절반이라서 매우 답답하다. 선택하지 않

기 바란다. 위 배치도에서 7번, 11번, 15번 등이 순방향이다.

　선택이 완료되면 결제 순서에 들어간다. 아래 공란을 하나하나 기재해 나간다. 국적을 선택하는 콤보가 있는데 북한과 남한 선택을 잘 해야 한다. Republic of Korea가 대한민국이다(Korea Democratic … 은 북한이니 유의하자). Document 칸은 여권을 묻는 항목이다. 국제 여권(International Passport)란을 선택하고 여권 번호를 기재한다. 여권을 보면 오른쪽 상단에 M 10456789 같은 번호가 있다. 표7에서 오른쪽 칼럼은 동반자(가족) 있을 때 함께 기재하는 곳이다. 승객 정보를 기재하는 항목이 나온다. 차례대로 영어로 기재해 나간다. 세 번째는 미들 네임(중간 이름)인데 한국인은 없으니 공란으로 두고 진행한다. 영어로 NMN(NO Middle Name)이라 써도 된다.

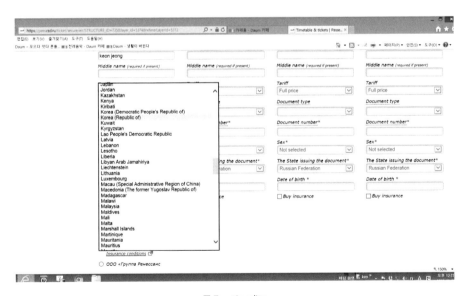

표 7. nationality.

시베리아 횡단 열차(TSR) 여행 준비

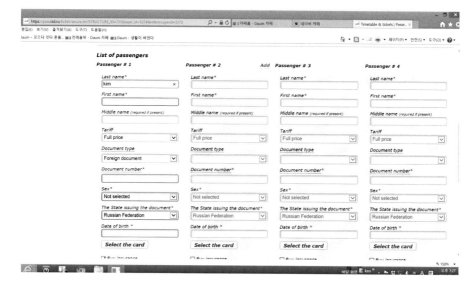

표 8. passenger list.

　　하나라도 기재가 안 되거나 형식이 틀리면 다시 하라고 알려준
다. 인적 사항 기재가 완료되면 다음으로 진행한다. 일행이나 동반
자가 있으면 오른쪽 칸에 추가 기재한다.

　　결제는 국제 통용되는 신용 카드로 해야 한다. 비자나 마스터카
드를 선택하고 카드 번호 16개 숫자와 카드 뒷면 3자리 수 코드, 그
리고 카드 유효기간(년도와 월)을 입력하고 클릭하면 카드회사나 은
행에서 조회를 요구한다. 한국 금융기관 인증번호를 입력하고 문자
가 '드륵 드륵'하고 오면 성공한 것이다. 지불은 루블로 했지만 미국
달러로 환산하여 결제되었다고 문자가 온다. 이렇게 복잡한 예매는
취소, 환불 역시 매우 복잡하니 신중히 결정해야 한다.

표 9. payment

티켓 예매 절차가 잘 이루어지면 표9, 표10와 같은 화면이 뜬다.
이제 잘 되었으니 인쇄해서 승차하라는 메시지이다. 여기까지 왔으
면 축하받을 일이다. 프린터에 연결하여 출력하는 기쁨을 맛보자.

표 10. ticket print

e-ticket 효용성

전자 티켓에 대하여 오해가 많다. 이 티켓은 글자 그대로 티켓(빌렛)이다. 별도로 표를 바꾸지 않아도 된다. 이 티켓을 들고 승차가능하다. 그런데 많은 한국 여행자들은 뭔가 불안하여 역에 가서 이 전자 티켓을 창구에 제출하고 종이 티켓을 요구한다. 아마도 기념으로 보관하기 위함일 수도 있다. 물론 창구 여직원은 컴퓨터 자판기를 두드려 보고 종이 승차권을 내준다. 그러나 표정이 밝지 않다. 그들 입장에서 보면 없어도 되는 티켓이기 때문이다. 러시아인들은 e-ticket으로 바로 타는데 외국 여행자들은 대부분 별도 종이 티켓을 요구하니 성가신 것이다. 티켓을 직접 받는 다른 방법으로 웬만한 역 창구 근처에 자동 발매기가 있다. 전자 티켓의 바코드를 접촉하면 신기하게도 진짜 티켓이 출력되어 나온다. 가끔 자동 기능 불완전으로 여권 번호를 입력하라고 하기도 한다. 잘 안되면 안내 직원에게 도움을 청하면 친절하게 도와준다.

표 11. e-ticket.

종이 티켓(하드 티켓) 읽기

대망의 시베리아 횡단 철도 티켓을 처음 받으면 가슴이 뛴다. 더구나 혼자 힘으로 여기까지 온 대한민국 장년은 스스로 대견함을 느낀다. 그런데 온통 러시아어이다. 번호를 붙여서 차근차근 주석을 붙여보기로 한다. 빨간색 숫자 순서대로 읽으면 된다.

표 12. hard ticket

1. 러시아 철도공사 20 : 해당 없음

2. 엑스프레스(특급)

3. 열차 승차권(서류)

4. 열차 번호: 105

5. 출발역 날짜, 시간 : 2016년 4월 12일 20시 20분(모스크바 시간)

6. 객차 번호: 08

7. 요금(루블): 차표 3등(플라츠카르타)석 981 루블

8. 요금 관련 번호: 해당 없음

9. 구간 : 예케테린부르그 ➡ 카잔

10. 좌석번호: 015(1층 침대)

11. 승객 정보: 1987년 3월 19일/김미남/대한민국/남자.

소요 예산과 환전

시베리아 횡단 철도 여행은 열차를 한 번 타 보는 것만으로는 큰 의미가 없다. 철도를 중심으로 발달한 유명 도시와 마을 그리고 바이칼 호수나 역사적 교회 등을 찾아보고 호텔이나 호스텔 등에서 샤워와 세탁 및 충분한 휴식이 필요하다. 그래서 비용 구조는 철도 요금+숙박비+식비(음료수 포함)+현지 교통비 및 박물관 등 입장료 등이다. 가장 관심도가 높은 열차 예매 사례를 수록하여 실질적인 도움이 되도록 한다. 분명한 것은 러시아 물가는 싼 편이다. 최근 루블화 폭락도 여행자에겐 득이다.

철도 요금 ─────────────────────

가장 고급 열차는 005호 열차로 블라디보스토크에서 모스크바행 특급이고 가장 서민적인 열차는 729호 열차로 블라디미르에서 모스크바행 지선이었다. 1등실 룩소는 타지 않았고 경험을 위해 2등실(쿠페)과 3등실(플라츠 카르타)을 고루 애용한 사례이다.

블라디보스토크에서 모스크바를 거쳐 상트 페테르부르크와 헬싱키까지 철도 요금은 약 41만원 들었다. 착한 가격이라고 볼 수 있다. 유의할 점은 아래 사례는 승객이 열차 출발 30일 전에 예매한 것이고 비교적 비수기인 4월이라는 점이다. 승차일이 가까워질수록 또는 주말이나 성수기에는 가격이 올라간다. 따라서 30일 전에 예매하고 7월부터 8월 같은 시기는 피하는 것이 경제적인 방법이기도 하다.

열차 No	출발역▶	거리/시간/주야	◀도착역	좌석구분	요금(rub/₩)
1. 005	블라디보스토크 ВлаДиВОСТОК	770Km/12h/ 야간 1박	하바로프스크	꾸뻬(1층)/ 4인실	2,613/4만원
2. 099	하바로프스크 Хабаровск	2,763km/53h/ 주야 2박	울란-우데	쁠라츠(1층)	3,295/5,3만
3. 107	울란-우데 Улан-Удз	459Km/8h/ 주간	이르쿠츠크	쁠라츠(1층)	862/1.5만
4. 099	이르쿠츠크 Иркутск (바이칼 байкал)	1,851Km/31h/ 주야 2박	노보시비리스크	꾸뻬(1층)	4,773/7,7만
5. 067	노보시비리스크 Нобосибирск	1,598Km/21h/ 야간 1박	예카테린부르그	쁠라츠(1층)	1,987/3.5만
6. 105	예카테린부르그 Екатеринбург	944Km/13h/ 야간1박	카잔	꾸뻬(1층)	2,241/3.7만
7. 041	카잔 Казан	389Km/9h/ 주야 1박	니즈니노브 고라드	꾸뻬(1층)	2,629/4.6만
8. 063	니즈니노브고라드 НижниНовгород	229Km/3,5h/ 주간	블라디미르	쁠라츠(1층)	751/1.4만
9. 729	블라디미르 Бдбдирмир (수즈달 Суздал)	189Km/3h/ 주간	모스크바	좌석 Sitting	266/4천원
10. 006	모스크바 МОСКВа	730Km/8h/ 야간 1박	St.Peterburg	2층 쁠라츠 (1층 침대)	1,359/2.3만
11. 785	St.Peterburg Санкт-Петербург	390Km/3h/ 주간	헬싱키 Хелсинки	좌석	국제철도 2,317/4만
계	합계 Итог	10,312km/9박	11개 도시		23,095 Rub/ 38만 8천원

유라시아(시베리아 횡단)열차 예매 사례
주: 꾸뻬는 2등석 4인실, 쁠라츠는 3등석 6인실(실제 62인실 객차)

✔️ 러시아에서 거주 등록

러시아에서는 한러 비자 면제 협정 체결로 무비자 입국, 여행이 가능해졌으나 7일 이상(주말과 국경일 제외) 한 곳에 거주 시 등록해야 한다. 단기 여행자는 할 필요가 없으나 호텔이나 호스텔에서는 관례대로 여권을 보고 등록을 한다. 무료도 있고 200루블 받는 곳도 있다.

숙박 요금 ────────────

위 철도 여행이 21일 걸렸다고 할 경우에 11일을 호텔이나 호스텔 또는 한인 민박에 투숙하게 되므로 평균 2만5천 원을 잡아야 한다. 따라서 약 27만5천 원이다. 여행사 단체 관광과는 다른 개념의 배낭여행이므로 숙소별 가격대와 장단점을 알아본다.

숙소 예약과 준비물

해외 여행 시 숙소 예약이 필수인 시대에 살고 있다. 여행자도 많고 숙소도 많아졌기에 치열한 경쟁 체제에서 가격 경쟁이 이뤄진다. 여행자들은 호텔스닷컴(hotels.com), 호스텔월드(Hostelworld. com), 스카이 스캐너(Sky scanner) 등 범세계적인 중개 업소를 이용한다. 인터넷 혁명이 가져온 풍조이다. 이러한 경쟁은 숙소 업주나 여행자 모두에게 득이 된다. 숙소 예약도 항공권 예매와 같이 일찍 할수록 저렴하다. 시베리아 철도 주변 여러 도시에도 호텔, 호스텔이 많다. 호텔 숙박료는 외국인에게 비싸게 받는다. 시설이나 환경은 열악한 편이다. 이르쿠츠크에서 갈 수 있는 바이칼 호수 안에 알혼 섬이 있다. 다른 숙소와 비교가 안 될 정도로 독보적인 큰 숙소(Nikita Home steady)가 있는데 성수기에는 예약이 밀려 서둘러야 한다. 가장 싼 침실(2인 공동)이 약 1,400루블(2만 5천 원) 정도로 싸지는 않다. 그 대신 아침과 저녁 식사를 제공하고 투어를 주선한다. 식재료는 유기농 건강식, 와이파이 이용도 이젠 무료다.

예약이 가장 어렵다는 '바이칼 호 알혼 섬 니키타 홈스테드' 홈페이지(http://www.olkhon.info/en) 화면

숙소에 따른 호텔, 호스텔, 한인 민박 장단점 비교 ────

호텔

배낭 여행자들은 2성~3성급 호텔을 많이 이용한다. 급수가 높은 특급은 더 좋지만 경제적 제한이 있다. 2성~3성급 호텔 중에 인터넷 사이트에 나온 방이 싼 편이지만 적어도 싱글룸 기준 2,000루블에서 2,500루블 정도 한다. 장점은 교통이 편리하고 찾기 쉽다는 점이다. 개인 사생활이 보장되고 안락하다. 반면에 배낭 여행자에

겐 숙박비가 부담스럽고 객실마다 모두 Wifi가 되지 않는다. 대개 호텔 로비나 식당, 라운지 등에서만 된다. 몇 년 전만 해도 유료 사용을 했던 것에 비하면 그나마 발전된 것이다. 2,500루블 이상이면 아침식사 제공(포함)인 경우가 있으니 잘 살필 일이다. 호텔 직원들은 약간의 필요 영어를 구사한다. 이용자들의 최근 후기를 읽어보면 도움이 된다.

호스텔

배낭 여행자를 위해 설계된 숙소 개념이다. 공동 숙소라서 한 방에 4명~10명 정도 자고 남녀 혼숙인 경우가 많다. 우리는 생소하게 생각하지만 의외로 건전하다. 화장실과 샤워장 공용이 좀 불편하지만 Wifi가 되고 부엌과 식당을 이용할 수 있는 것이 장점이다. 숙박비 약 8천원(울란-우데)에서 1만 5천원 정도 한다. 호스텔에도 2인실(더블 침대)이 있으니 장년은 이용할 만하다. 약 2만 5천원~3만원 정도이다. 단점으로 찾아가기 쉽지 않은 곳이 많다.

한인 민박

러시아 지역 민박은 서유럽에 비해 고급이다. 블라디보스토크에 3~4곳, 이르쿠츠크에 2곳, 모스크바에 5~8곳, 상트 페테르부르크에 5곳 정도 있는데 공동 숙소(다인방)는 드물고 개인 방이 많다. 공동 숙소는 하루 약 7만 원, 독방은 약 15만 원 정도로 비싸다. 배낭 여행자보다는 단기 주재원이나 공기업, 회사원이 많다. 모스크바는 아침식사비를 따로 받고(미화 10달러, 약 1만 2천원) 상트 지역은 무료 제공이다. 방값도 좀 저렴하다. Wifi 다 되고 현지 안내를 받을 수 있는 장점이 있다. 밀린 세탁도 무료로 해주는 민박집이 많다. 다음 카페 "민박다나와" 등에서 신청할 수 있다. 최근에는 아파트형 펜션이나 방갈로형도 나온다. 물론 숙박비는 좀 높다. 단점은 간판이 없다. 대부분 비공식 영업이기 때문인데 찾아가기가 어렵다. 폴란드(크라쿠프)의 한인 민박에서는 이사를 하고 전화번호가 바뀌었는데도 예약자에게 통보하지 않아서 한인 여행자를 곤경에 처하게 한 사례도 있으니 유의해야 한다.

식비와 경비

열차 내에서는 대부분의 승객이 공통적으로 한국 도시락 라면이 주식이고 빵과 소시지, 우유, 통조림 등을 먹고 마시므로 큰돈이 들지 않는다. 도시 관광에 드는 돈은 개인별 차이가 많을 것이다. 하루 평균 약 2만 원 쓴다고 보면 42만 원 정도 든다. 모두 합하면 약 110만원 정도 된다. 이는 알뜰 배낭 여행 기준이다.

환전에도 원칙이 있다 ────────────

내 나라에서 환율 수수료 우대를 받아 전문 은행에서 환전하는 것이 가장 유리하다. 따라서 대한민국에서 외환은행(KEB)을 통하여 환전하는 것이 좋다. 러시아에 가서 환전하는 것은 미국 달러나 유럽 유로를 이중으로 환전하는 것이 되므로 손해를 보는 구조이다.

예로부터 환전상은 마진이 많다. 유대인이 환전상을 키워서 오늘날 세계적인 금융 공룡이 되었다. 현지에서 ATM으로 현금 인출은 한 번에 3,000루블 정도로 제한되어 있고 수수료가 붙는다. 루블화뿐만 아니라 모든 환전은 여러 번 할수록 손해 보는 구조이다.

러시아 숙소 비교 자료

▶ 숙소 형태 /가격 /만족도	호텔	호스텔	홈스테디	한인민박
블라디보스토크	Moryak/ 4,5만원**			
하바로프스크		Like/2.7만원 (2인실)/***		
울란-우데		Travellers house/ 1만원/****		
이르쿠츠크		Best house/ 1만원/***		
바이칼호 (알혼섬)			Nikita homestead/ 2.5만원/***	
노보시비리스크	Centralnaya/ 3.7만원/*			
예카쩨린부르그	Marins Park/ 4만원/***			
카잔		Kazantel hotel/ 2.7만원/***		
블라디미르 (수즈달)		Samovar hostel/ 8천원/**		
모스크바	Agios hotel/ 4.2만원/*			
St.Peterburg				나무민박/ 7.2만원/***
헬싱키		Erotajanpuist/ 4만원/*		

표 14. 러시아 숙소 비교 자료(별표는 만족도). 호텔 예약은 2016년 4월 기준이며 숙박비는 원화 환산(1루블=18원 기준)했다.

준비물

요즘은 어디를 가든지 여행 시 필요한 물품을 구입할 수 있다. 먹거리도 마찬가지이다. 개인이 필요한 의류나 속옷 등도 많이 가져갈 필요가 없다. 현지에서 조달이 가능한 것은 과감히 줄여야 한다. 추운 날씨가 예상되면 주로 헌 옷을 입고 가져가서 더워지면 벗어 버리고 올 각오를 하면 된다. 인터넷은 연결이 잘 안 된다. 다행히 러시아도 예전에는 호텔에서조차 유료 와이파이를 운영했으나 지금은 모두 무료이다. 다만 아직도 개인 방에서는 안 되고 호텔 로비나 식당에서만 되는 곳이 상당수이다.

꼭 필요한 물건들은 개인별 처방 약, 보조 배터리, 슬리퍼, 볶은 고추장, 읽을 책 정도다. 라면이나 초코파이 같은 식재료는 어디든 풍부하다. 시베리아 횡단 열차 내에서도 식당차가 있다. 가격대가 비싸서 한 번 정도 분위기를 느끼기 위해 가면 좋을 정도이다. 열차 승무원실에서도 스낵류를 판매하고 낮에 큰 역에서는 동네 아주머니들이 빵이나 떡을 만들어 팔기도 한다. 역사(플랫폼)에 매점도 물론 있다.

생존을 위한
기초 회화

　　러시아는 한때 미국과 맞대결을 할 수 있는 거대한 국가였다, 오늘날의 러시아와는 규모가 다른 15개의 위성국가를 거느렸던 대제국이다. 그래서 영어의 필요성이 없었고 오히려 주변국들이 러시아어를 배워야 했다. 그 예로 자유 민주주의 국가인 대한민국 국민은 영어에 올인하다시피 했지만 공산 사회주의 북한은 러시아어를 배웠다. 고르바초프에 의해 1991년부터 위성국들이 독립해 나갔어도 그들의 문자와 언어는 남아있다. 엄밀히 말해서 러시아어가 아니고 키릴 문자를 쓰는 슬라브게 언어이다. 그래서 모스크바나 상트 페테르부르크 등 대도시 관광객들이 몰리는 지역이 아니면 영어의 필요성을 못 느끼며 산다. 대화가 필요할 때 그들이 영어를 모르면 답답한 쪽은 여행자이다. 열차에서도, 가게에서도, 숙소에서도 영어가 안 통하니 기초적인 언어는 익혀야 좋다. 최근에는 스마트폰 앱에서 번역이나 통역을 해 주기도 하지만 작은 회화책은 여전히 필요하다. 인터넷이 안 되는 지역이 너무 많기 때문이다. 구글 신神이나 자동 번(通)역 장치도 만능해결사가 아닐 때가 있다. 더좋은 것은 서툴러도 러시아인들과 머리를 맞대고 소통하는 것이다. 이 책을 읽어나가면서 틈틈이 "팁"을 제공한다. 24회에 걸쳐 문자와 회화를 소개한다.

성 키릴과 메토디오스 형제 상. 블라디보스토크.

키릴(러시아) 알파비트와 참고 책

55

러시아 문자와 성 키릴 형제 ——————————

블라디보스토크 독수리 전망대에 올라가면 우뚝 서 있는 성 키릴 형제상을 볼 수 있다. 이 분들은 러시아와 그리스를 비롯한 슬라브어 권에서는 매우 존경받는 유명한 분들이다. 860년 경 세르비아 출신의 성 치릴로(키리, 치릴, Cyrill)와 메토디오스 형제로, 당시 문맹자가 많았던 슬라브 민족의 복음화를 위하여 당시 글라골 문자(복잡한 기하 형상의 문자)를 대체할 문자(그리스어와 라틴 문자 등을 참고하여)로 쉽게 만든 문자가 키릴 문자이다. 이 문자로 성경과 전례서를 번역하여 당시 교황 인준을 받았다. 동생 성 콘스탄티누스 키릴 수도자와 형 메토디오스 주교는 현재 가톨릭 교회(기념일 2월 14일)와 정교회에서 모두 성인으로 추앙받는 분들이다. 이 성인들의 이름을 딴 문자가 키릴 문자이며 오늘날 러시아는 물론 구소련 연방 제국과 불가리아, 몽골, 벨라루스 등 약 4억 명 정도가 쓰는 문자로 동방교회 이해에 매우 유용한 문자이다. 35자인데 알고 보면 어렵지 않다. 처음 볼 때 약간 두려울 뿐!

러시아어를 조금 익혀두면 여행이 풍요롭고 러시아 이외에 핀란드, 발트 3국과 폴란드까지 그리고 주변 국가인 벨라루스, 우즈베키스탄, 우크라니아 등 -스탄 지역 국가들에서 러시아어는 통용된다. 중유럽 국가들은 영어보다는 독일어, 독일어보다는 러시아어가 더 친숙하다. 혹자는 러시아에서 알파벳을 잘못 배워가서 이상한 문자가 있다고 하기도 하지만 사실이 아니다. 동생이 주도한 듯하며 수도자로 살다가 먼저 선종했다. 형 메토디오스는 주교가 되어 키릴 문자로 복음을 전하는 데 기여하였다.

유라시아 지역
분류 기준

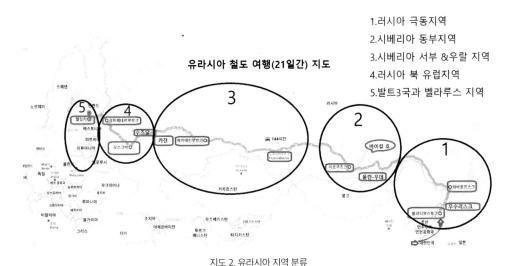

1.러시아 극동지역
2.시베리아 동부지역
3.시베리아 서부 &우랄 지역
4.러시아 북 유럽지역
5.발트3국과 벨라루스 지역

유라시아 철도 여행(21일간) 지도

지도 2. 유라시아 지역 분류

    러시아는 유럽 대륙과 아시아 대륙에 걸쳐 있는 큰 나라
이다. 이 책에서 소개하는 여러 도시를 4개의 권역으로 나누고 러
시아 땅이었거나 구소련 연방국으로 같은 언어를 썼던 나라들 중
핀란드(헬싱키), 에스토니아(탈린, 패르누), 라트비아(리가, 시굴다), 리투아
니아(카우나스, 빌뉴스, 트라카이)와 벨라루스(민스크)까지, 마지막 폴란드
까지 총 5개 권역으로 편집하였다. 이 분류 기준은 세계적인 여행
전문지 "Lonely Planet-Russia 2015판"의 예를 따랐다.

철도 생활 이해하기

시베리아 횡단열차의 이색적이고 재미있는 묘미는 사실 블라디보스토크에서 이르쿠츠크까지의 3박 4일까지이다. 시베리아 동부 지역이 통과 역도 별로 없는 긴 승차 시간의 연속이고 우랄 산맥을 넘어 시베리아 서부 지역에 들어서면 주위 환경이 달라지고 열차 내 분위기도 떠들썩한 분위기에서 차분하게 바뀐다. 승객 수준이랄까 시골 사람 행색에서 도시 사람 행색이 많아지고 아시아에서 유럽으로 온 느낌이 든다. 한국에서는 좀체 느끼지 못하는 열차 내 숙박과 식생활 및 잠자리 즉 의식주에 대하여 경험을 나눈다.

열차 내 숙박

3등실에서 숙박은 말이 6인실이지 사실상 64인실 대형 공동 숙소로 보면 된다. 좁은 통로를 지나다 보면 키 큰 러시아 남자들 발을 건드리기 일쑤고 내 공간은 오로지 침대 하나뿐이다. 1층 침대는 자유와 여유가 있다. 언제든지 일어나 앉거나 책을 보거나 창밖을 보며 낭만에 젖을 수도 있지만 2층 침대를 차지한 승객은 1층 침대 승객에게 늘 미안한 마음이 들게 마련이다. 1층 침대 승객은 "갑"이고 2층 침대 승객은 "을" 입장이다. 2층 침대는 천장이 낮아서 앉은 자세로 있기 어렵다. 눕거나 엎드릴 수만 있기에 앉아서 책을 보든지 먹거나 마시려면 1층 침대로 내려와 앉아야 한다. 그래서 1층 침대 승객이 누워 있으면 어디 있을 곳이 없다. 유일한 공간은 승무원실 앞 통로뿐이다. 그것도 오가는 승객이 있으면 창가로 바짝 붙어서 비켜 주어야 한다. 결론적으로 1층 침대 승객이 여행의 일행이거나 가족, 친지, 친구이면 문제는 쉽게 풀리지만 나홀로 여행족은 꼭 1층 침대를 택해야 한다. 더구나 1층 승객이 거구의 러시아인이거나 웃통을 벗고 지내는 노동자 타입이면 눈 둘 때가 없을 것이다. 더러는 팔뚝과 등에 문신을 해서 남자가 보기에도 섬뜩하다. 객실은 보통 밤 10시가 되면 승무원이 소등한다. 그러면 어두워지는데 츄리닝 같은 옷을 입고 자야 편리하다. 2층 침대 승객은 화장실 가려면 고역이다. 잘 때 유별난 코골이도 있을 수 있는데 별다른 도리가 없다. 귀마개를 하고 자거나 깊이 잠드는 수밖에 없다.

2등실 숙박은 4인실이고 문을 잠글 수도 있는데 이 점이 장점이면서 동시에 단점이 된다. 4인실에 모르는 남녀가 혼숙하게 되는데 이런 침실에 익숙치 않은 한국 여자는 신경이 쓰이기 마련이다. 여자가 2명이면 좋다. 남자 3명에 여자 1명이거나 한 명씩이면 서로 긴장할 수밖에 없다. 그러나 러시아 남자들은 매너가 있어서 크게 걱정하지 않아도 된다. 혹 여자가 옷을 갈아 입거나 화장을 할 경우에 통로로 나가서 한참 있다가 들어오는 것이 불문율이자 예의로 되어있다. 이런 면에서 동행인이 있으면 좋다. 러시아 여행 관련 카페에 보면 동행자를 구한다는 글이 많다.

3등실은 시트 커버와 베개 커버가 유료 임대된다. 승차해서 보면 침대에 헌 모포와 베개가 놓여있다. 승무원이 시트 커버와 베개 커버를 가져다준다. 며칠을 쓰느냐에 따라 사용료가 다르다. 보통 50~120루블 정도 한다. 현지인들은 이런 경험이 많기에 개인 모포나 이불을 가지고 다니기도 한다.

3등실에서 숙박은 약간의 인내를 필요로 한다. 환기가 잘 안 되어 땀내, 음식내, 소음이 결합되어 깔끔한 생활에 익숙한 사람은 불편하기 마련이다. 그러나 이런 것도 러시아 여행의 일부분이고 서민들과 애환을 함께 해보는 기회로 삼는 지혜가 필요하다.

현대식 아파트나 수세식 화장실에 익숙한 문명인들에게 적응이 어려운 곳이 바로 화장실이다. 3등실 64명 객실을 기준으로 보면 앞뒤에 2개씩 있다. 화장실은 변기 하나와 세면대 하나씩 있는데 화장실은 일을 본 후 페달을 누르면 철로에 자연 낙하하는 시스템이다. 달릴 때 보면 철길이 보여서 어지럽다. 오래된 화장실은 여름엔 건디기 어려울 정도의 악취가 난다. 물론 여 승무원이 수시로 청소하지만 한계가 있다.

화장실은 역을 출발하고 30분이 지나거나 역 도착 30분 이전에만 개방한다. 즉 열차가 한창 달릴 때 이용해야 한다. 간혹 화장지가 떨어질 때가 있다. 이럴 때를 대비해서 비상용 소량 화장지를 가지고 다녀야 하며 그것도 준비가 안 되었을 때는 승무원(화장실 옆이 승무원실)에게 "부마-가(6yMara)"라고 하면 알아듣고 화장지를 준다. "부마-가"는 "종이"란 뜻이다. 보다 정중하게 말하려면 "빠-촬-루스따

또와렛뜨나야 부마-가" 하면 눈을 크게 뜨고 존경의 눈길을 줄 것이다.

세면대는 손잡이 꼭지를 붙잡고 있어야 물이 나오게 되어있다. 물 낭비를 줄이기 위한 고육책이다. 간혹 머리를 감거나 물을 많이 쓰려고 배수구에 골프공으로 막아 놓고 쓰는 승객도 있는데 이건 아니다. 승무원이 아니라도 러시아인들은 그런 걸 보고 얼굴을 찌푸린다. 그래서는 안 되는 것이다. 다른 승객을 배려하려면 빨리 용무를 끝내거나 물을 절약해야 한다. 이것도 시베리아 철도 횡단의 문화이다.

휴대전화 충전은 3등실은 양쪽 통로(승무원실 앞)에 있다. 때로는 줄을 서야 한다. 그러나 2등실은 방마다 스탠드 옆에 있어서 편리하다. 간혹 110볼트 콘센트가 있는데 충전기가 들어가면 충전은 된다. 충전 속도가 좀 느리기는 하다.

3등실은 옷걸이가 따로 없다. 배낭이나 케리어 등은 침대 밑에 넣는다. 불편해도 도리 없다. 2등실은 옷걸이가 있다. 여러 면에서 돈 값을 한다는 느낌이 든다.

테이블은 원칙적으로 공용인데 아무래도 1층 침대 승객의 것처럼 이용된다. 작은 테이블은 식탁이고 책상이며 티 테이블이기 때문이다. 여러 가지 식기(컵, 그릇, 칼, 수저)와 식량들이 놓여 있게 마련이다. 함께 공용으로 쓰는 예의와 배려가 필요하다. 인터넷은 시베리아에서는 불통이다. 역 구내에 들어서면 간혹 연결되기도 한다.

2등실 통로, 휴식 공간이기도 하다.

2등실, 4인용 쿠페 침실

2층 침대로 올라가는 발판

2등실, 4인용 쿠페 화장실

3등실은 6인실인데 사실상 64인실이다.

온수통, 사모바르라고 부르며 공용 물통이다.

3등실 5번, 6번 접이식 침대

63

열차에서 식생활

　며칠간을 열차 내에서 숙식한다는 것은 색다른 체험이고 어려운 일이기도 하다. 현지인들은 승차 때부터 먹거리를 그야말로 한 보따리 들고 탄다. 라면은 기본이고 생수, 홍차, 설탕, 통조림, 큰 빵, 도너츠, 해바라기 씨앗, 비스킷, 즉석 수프, 사과와 바나나, 간혹 술 같은 것들도 있다. 술은 2등실에서는 마셔도 누가 뭐라고 하지 않는데 3등실은 단속한다. 승무원이 압수하기도 하고 가끔 철도 경찰이 순찰한다. 걸리면 즉석에서 범행 조서(진술서)를 받는다. 경우에 따라 다음 역에서 추방이다. 그래서 현지인들은 그야말로 몰래 마시고 감춘다. 술은 식당차에서만 맥주를 팔고 마신다. 시중 가격에 비해 몇 배 비싼 것은 감안 해야 한다. 현지인들은 심야 시간만 빼고 먹는 사람이 끊이지 않는다. 라면에 생선 통조림을 풀어 놓고 먹을 때 비린내가 진동해도 식문화로 이해해야 한다. 흡연은 엄금이다. 열차 사이 공간에서만 허용한다. 열차가 잠시 멈추면 모두 내려서 흡연의 자유를 만끽한다.

열차에서 여가 시간 활용하기

　밤이나 낮이나 열차는 달린다. 영화 닥터 지바고를 보면 설경이 그렇게 낭만적일 수가 없다. 그러나 그건 영화의 한 장면이다. 환상에서 깨어나 책을 보거나 스마트폰으로 게임을 하거나 자거나 잡담을 하며 시간을 보낸다. 창밖을 내다봐도 한두 시간 보고 나면 비숫한 장면이라서 재미가 없다. 더구나 사회주의 냉전시대에 보안상 목적으로 철길에 백양나무, 자작나무를 많이 심어놔서 먼 들판이 안 보이는 구간이 많다.

제일 좋은 것은 이웃과 대화하는 것이다. 상대편이 누구든 영어가 되면 제일 좋다. 그러나 대부분 영어를 전혀 못 하므로 우리가 번역기를 이용해서라도 러시아어로 접근하면 좋아한다. 그들은 한류를 안다. 그래서 남한(유즈나야 까레이야)에서 왔다면 호감을 나타낸다. 축복이다. 다음은 열차 내 침실과 식사 풍경이다.

식당차에서 파는 고급 메뉴

식사 때가 되면 모두 가진 것을 내놓고 함께 먹는다. 이것도 좋은 추억이 된다.

한국 도시락 라면, 인기 최고 메뉴다. 가격은 약 40루블(한화로는 약 700원) 이다.

식당차(리스트란트, PECTPAHT). 위 메뉴를 먹으려면 약 1,000루블 정도 든다. 셀러드, 소고기 스테이크, 수프, 빵…. 러시아, 중국인들 간식인 해바라기 씨

스따깐은 매우 유용한 유리컵이다. 커피, 홍차를 끓여서 마실 때 필요하다. 열차에서 승무원이 판매(약 1,000루블)도 하고 무료 대여도 해 준다.

러시아정교회 미리 알기

카잔에 있는 러시아정교회 성당 모습

① 5개의 첨탑 중 중앙 첨탑이 황금색으로 중심이다. 이 둥근 돔은 많을수록 권위가 있다. 시골 성당은 한 개이고 주교나 대주교가 있는 주교좌 대성당은 3개~5개이다. 이런 모습은 이슬람 모스크(미나렛)도 같다. 뾰족 탑은 최고 6개까지 있다. 사우디아라비아 메카와 터키 이스탄불 블루모스크가 그러하다.

② 십자기 모양이 한국이나 유럽 십자가와 다르다. 그냥 열십자(†) 모양이 아니라 겹 십자가(‡) 모양인데 위 가로 막대는 짧다. 이는 예수님이 사형당할 때 죄명을 적은 나무 명패를 상징한다. 이 명패에는 히브리어, 라틴어, 그리스어로 죄명이 적혀 있었다. "이 자는 유대인들의 자칭 왕이다" 라는 죄목이었다. 그러나 정교회는 "스스로 존재하는 분"이라고 해석한다.

③ 두 개의 겹 가로 막대 밑에 삐뚜름하게 가로 막대가 하나 더 있다. 이는 당시 로마 관행에 따라 사형수가 두 발을 딛는 막대이다. 이 막대가 없으면 사형수는 체중 때문에 바로 죽는다. 고통을 오래 주기 위한 것이지 인권 배려 차원은 아니다. 이 가로 막대가 왜 삐뚜름할까? 예수님 오른쪽에 매달린 죄수(우도)의 믿음을 기리는 의미로 오른쪽이 밑으로 더 쳐져 있다.

④ 천장의 돔은 양파를 거꾸로 얹어 놓은 모양이다. 왜 그럴까? 두 가지 견해가 있다. 신앙적으로는 지상에서 하느님께 올리는 "촛불"을 상징한다고 한다. 촛불 불꽃 모양이다. 건축학 개론에서 보면 러시아는 목재가 흔하고 돌이 귀하다. 그래서 목조 건축술이 발달했는데 겨울에는 눈이 많이 와서 쌓이고 얼고를 반복하면 돌덩이처럼 무거워져서 붕괴되는 일이 잦았다. 그래서 "눈이 내리면 바로 미끄러져 내리도록 설계"한 것이라고 한다.

⑤ 돔 색상이 화려하다. 인간 세상은 어디나 황금을 좋아하고 황금색을 최고로 치는데 진짜 황금 도금도 있다. 즉 정성을 다해 가장 좋은 것으로 하느님을 경배하는 집으로 만드는 것이다.

⑥ 이콘(성화)들이 실내를 가득 장식한다. 특히 '카잔의 성모상'이나 '블라디미르의 성모상' 같은 성화는 인간이 그린 것이 아니라고 주장한다. 마치 성경이 인간이 도구로 쓰임을 받아 성령으로 쓴 것처럼 이 이콘들도 화가의 손을 빌려 그렸지만 성령이 그린 것이라고 믿고 있다. 이 성모님 이콘을 모시고 기도하여 전쟁을 승리로 이끌거나 소원이 이루어졌다고 믿기에 우리는 상상하기 어려울 정도로 이콘을 애지중지하고 이콘에 입을 맞춘다.

⑦ 러시아정교회 사제는 독신일까? 사제는 결혼 유무를 본인이 선택한다. 수도원 신부는 100% 독신이지만 교구 사목 신부는 결혼 여부를 신학생 때 결정하고 변경이 불가하다. 흔히 '수도 사제'라는 호칭도 있는데 결혼하지 않은 신부를 일컫는다. 결혼 후 사제가 되어 본당 활동을 하지만 고위직(주교나 대주교 같은 행정 직책이나 계급) 승진은 못 한다. 이점은 그리스정교회도 같다. 실질적으로 러시아정교회 평사제는 약 90% 정도가 결혼을 했다고 한다. 그리스나 러시아정교회 신학교는 교과 과정이 짧다. 가톨릭 교회의 경우 최소 6년 이상이다. 그러나 이들은 불과 3년 정도로 알려져 있다. 속성 과정은 2년 정도로 한국 개신교와 비슷하다. 여담이지만 북한에 러시아정교회가 하나 세워졌다. 러시아정교회 신자인 러시아권 출신 외교관들과 여행자를 위한 성당인데 이 성당 사목을 위해 러시아어를 잘 아는 북한 청년 2명을 모스크바 신학교에 보내 2년 만에 사제품을 받고 돌아와 사목 중에 있다.

⑧ 러시아정교회에는 오르간이 없다. 행여 2층 성가대석을 바라보아도 2층 자체가 안 보인다. 오랜 전통으로 무반주 성가(아카펠라)를 고집한다. 더구나 폐쇄형 제단 앞에 신자용 의자가 없다. 지존하신 주님 앞에서 어떻게 감히 앉으랴? 3시간 계속되는 장엄미사에도 모두 서서 드린다. 러시아를 여행하며 러시아정교회 성당 수십 곳을 관찰했다. 개인적으로 아쉬운 것은 레닌 이후에 집권한 이요시프(요셉) 스탈린도 신학생이었다는 사실이다. 당시 신학교 학장이 그를 퇴학시키지 않고 사제로 배출했다면, 지구 역사가 바뀌었을 것이다. 스탈린으로 인해 죽은 사람이 약 5천만 명이라고 하니 더 안타깝다.

⑨ 공산화 이전에 약 5만 개에 달하던 정교회는 극심한 탄압으로 약 7천 개까지로 줄었다가 1991년 이후 거의(약 90%) 회복되었다. 부활절엔 대통령(푸틴)도 참례한다.

제3부

시베리아

횡단열차 타고 러시아여행

러시아 극동지역

블라디보스토크(Vladivostok, ВЛаДиВОСТОК)

블라디보스토크 역은 그 자체가 역사의 산물이고 훌륭한 명물, 관광 상품이다. 1912년에 지은 러시아식 건축물이다. 연간 1억 명 이상이 이용한다. 뒤에 졸로토이 다리가 보인다.

미국 샌프란시스코를 연상케 하는 블라디보스토크 금각만 졸로토이 다리. 약 3㎞인데 걸어보고 싶었으나 경비 초소에서 제지한다. 자살자가 많아서 금지라고 한다. 아쉽다.

블라디 보스토크(현지 발음은 블라지 봐스토크)라는 도시 이름은 러시아의 국책 사업 방향을 잘 알려주고 있다. 러시아어로 블라디는 명령형으로 "소유하라" "통치하라"는 뜻이고 보스토크는 '동쪽'을 이른다. 즉 시베리아 철도가 부설되기 전인 1860년 얼지 않는 부동항을 확보하고 소외되었던 시베리아 지역을 개발하기 위해 이런 이름을 붙였다. 항구가 개설되자 홍콩, 샹하이 등지에서 여러 나라 투자자, 상인 등이 몰려들어 모스크바보다 더 인기를 끌게 되었다. 당시 인구가 부족하여 이웃 중국인들과 한국인들이 유입, 정착하면서 날로 번창해졌다. 블라디보스토크는 동해의 아무르 만과 우수리 만 사이로 뻗어 있는 반도 서쪽에 졸로토이 만을 감싸듯이 자리 잡고 있다. 바다와 반도 그리고 잘 발달된 금각만(Golden Horn Bay) 내항으로 인해 러시아의 샌프란치스코라는 별명을 얻을 정도였다. 1905년 러일전쟁과 서구 열강국들의 침공으로 점령당하는 수난을 당하기도 했고 볼세비키 혁명 이후 스탈린은 주민을 소개시키고 이 지역을 군사 기지(군항)로 본격 활용하면서 외국인은 물론 내국인 출입금지로 만들었다. 이 도시가 개방된 것은 실로 1992년 이후의 일이다. 2012년 APEC(아태경제정상 회담)과 2016년 동방 경제포럼 개최를 계기로 낙후되어 있던 인프라를 대폭 확충 건설하고 대학교를 설치하며 첨단 과학 연구단지 건설 등 발전의 틀을 만들어 가고 있는 도시이다. 무엇보다도 블라디보스토크 주변에는 수만명의 한인들이 살았다. 그 유적이 남아 있어서 신한촌新韓村이라고 불리는데 1937년에 중앙아시아로 강제 이주당한 한인들이 다시 돌아와 이룬 마을이다. 이 지역은 연해주라고 하는 우리 조상(발해, 고구려) 땅이었던 것을 생각하게 한다.

블라디보스토크 가는 길

한국에서 가는 길은 2가지 길이 있다. 동해항으로 가서 한·일·러 3국을 순항하는 크루즈선(DBS)을 타는 방법이 있다. 일요일 오후 2시에 출발하여 다음날 오후 2시경 도착한다. 바다를 보고 싶은 여행자에게 좋다. 편도 요금이 약 22만원(대학생 이하 20% 할인)이다. 특별한 할인 이벤트가 없으면 부담스러운 요금이다. 인천국제공항에서 국적기나 러시아 항공(자회사 S-7)기를 타는 방법이 있다. 러시아 항공은 요금이 약 22만원 인데 늦게 출발하여 현지에 도착하는 시간이 늦은 밤이라 교통이 끊기는 단점이 있다. 대중교통은 다 끊기고 야간 심야 택시만 있어서 불안하다. 국적기(대한항공)는 오전 11시 출발하여 오후 2시경 도착하므로 시간대가 좋다. 요금이 조금 비싼 24만 원대인데 기내 서비스나 쾌적함은 훌륭하다. 낮에 도착하면 시내에 들어가는 공항버스가 있다. 요금 100루블(약 2천 원)로 착하다. 가방 하나당 10루블 추가되고 블라디보스토크 역까지 약 50분 걸린다.

블라디보스토크 공항. 주간에는 공항버스가 있다. 노후 마을 버스 수준이다.

크루즈선의 도착 부두는 블라디보스토크 역과 붙어있다.

유라시아 철도여행
발트 3국 버스여행

관광

블라디보스토크는 그리 큰 땅은 아니다. 인구 약 60만 명의 중소 도시지만 교통이 복잡하고 활발한 도시 인상을 준다. 번화가는 블라디보스토크 역을 중심으로 발전했다.

볼 만한 것은 혁명광장, 독수리 전망대, 러시아정교회 주교좌 성모 승천대성당과 군사박물관, 잠수함 S-56 등이 있다. 특기할 만한 것으로 20세기 미국 영화배우 빡빡머리 율브린너의 생가가 보존되어 있다.

숙박 & 식당

북한 평양식당이 있었으나 침체되었고 한국 호텔(현대)과 한인식당 한국관, 해운대 식당 등 여러 곳이 있다. 여행자들은 위한 호스텔로 옵티멈 외에 새로 개업한 한인 숙소가 생겨나고 있다. 역 주변 호스텔은 장기 투숙 외국인 노동자들이 많아 분위기가 좋지 않아 1박에 2,000~3,000 P 정도의 호텔 이용도 고려할 만하다. 특히 싱글 여행자에게 좋다.

시베리아 횡단 열차 타기

시간을 확인, 재확인해야 한다. 티켓 시간은 모스크바 기준이므로 +7시간이다. 열차 타는 방법도 좀 유별나다. 출발 시간 30분 전에는 플랫폼에 가야 한다. 열차가 길어서 좌석 찾기도 어렵다. 러시아 열차 승차는 절차가 복잡하다. 역 개찰구 출입 시에도 공항처럼 짐 검사(술이나 과도 소지는 허락)를 하고 해당 객차 번호를 보고 탑승 문에 가면 제복을 입은 여 차장이 엄중히(?) 신분 확인을 한다. 우선 차장은 승차자 명단을 이미 가지고 있다. 그래서 명단과 본인 여권(신분증)을 대조하고 얼굴을 유심히 본 후 승차시킨다. 절차가 까다롭지만 한편으로는 우범자 무단 승차를 방지하고 열차 내 범죄를 차단하는 장점이 있다. 특히 블라디보스토크에서 이르쿠츠크 구간(3박 4일)은 철도 경찰이 상주하여 순찰한다. 이들은 소란 피우는 사람, 음주자, 흡연자들을 단속한다. 술은 소지하되 마실 수는 없다. 흡연은 객차 사이 공간에서만 허용한다.

러시아 열차의 여승무원은 1인 5역을 하는 고된 직책이다. 승객 신분 확인과 안내, 실내외 청소와 정비, 물품 판매, 승객 안전 관리 등 남자 승무원과 동일 노동 강도의 일을 한다. 매 객차에 2명씩 배치되어 있고 주야간 교대 근무한다.

✔️ **어학 팁(1)▶**
러시아어 문자 알파벳(루스키 알파비트 33자)에서 영어 알파벳과 어떤 것이 같고 어떤 것이 다를까요? 편의상 4개 군으로 나눠서 공략하자.

- 제1군 문자와 발음이 같은 것: A,E,K,M,O,T(6자)
- 제2군 문자와 발음이 비슷한 것: B,C(2자)
- 제3군 문자는 같고 발음이 다른 것: H,P,У,X(4자)
- 제4군 전혀 다른 문자와 발음: Б(6),Г,Д,Ё,Ж,З,И,Й,Л,П,Ф,Ц,Ч,Ш,Щ,Ъ,Ы,Ь ,Э,Ю,Я(21자). 처음엔 어렵게 느껴지지만 두세 번 책을 함께 읽다 보면 눈에 익는다.

군사강국, 군사도시답게 군 관련 박물관과 전시물이 많다. 제2차 세계대전 때 독일 잠수함 10척을 격침했다는 전설적인 잠수함 S-7이 전시되어 있고 극동함대 신예 구축함이 민간 선박 옆에 정박해 있다. 1990년대에 이런 사진을 찍었다면 간첩으로 몰려 시베리아 유배 10년형을 받았을 지도 모른다.

영화배우 율 부린너(1920~1985) 생가

기대를 가지고 어렵게 찾아간 신한촌(新韓村) 기념비. 수만 명 동포가 살던 마을이다. 아무것도, 아무도 없는 듯하여 안타깝고 아쉽다.

러시아정교회 주교좌 성모 승천대성당.

관광지도

블라디보스토크 지도

아르바트 거리

① 블라디보스토크 중앙역(Bakzal) 및
   크루즈선(DBS) 부두

② 역 건너편 레닌 광장 및 슈퍼마켓

③ 해양 공원

④ 아무르 만 해변(유원지) 및 수족관

⑤ 올림픽 경기장 및 무기 야외 전시
   박물관(포대)

⑥ 역사 박물관

⑦ 혁명광장(시내 중심지)

⑧ 잠수함 S-7 전시장 및 추모공원(꺼지
   지 않는 불꽃)

⑨ Golden Horn Bridge(북쪽 입구에
   한식당 해운대)

⑩ 케이블카(후니쿨리)

⑪ 독수리 전망대(성 키릴 형제 상)

⑫ 러시아정교회 주교좌(성모승천, 성모
   안식)대성당

⑬ 화살표: 북쪽 방향 공항(약 60㎞)

★ 빨간색 길은 젊은이들의 광장인 아르바트 거리(
   번화가)

★ 율 부린너 생가와 동상은 ②번과 ⑥번 사이 도로
   변에 있다.

★ ①번 블라디보스토크 역에서 ⑪번 독수리 전망
   대(성 키릴 형제 상)까지 약 2.5㎞이다. 역 앞에
   서 버스도 있지만 배낭 여행자는 충분히 혁명
   광장 앞으로 해서 걸어갈 수 있다. 자그마한 동
   산인데 전망도 좋은 포토존이다.

유라시아 철도여행
   발트 3국 버스여행

우수리스크(Ysurisk, Уссуриск)

독립운동가 최재형(1860~1920) 선생이 살던 집

연해주 민속촌(이줌루드나야 달리나) 정문.

우수리스크는 여행 안내책에도 나오지 않는 도시이다. "Lonely Planet"이란 유명한 여행 전문 책에도 일체 언급이 없다. 블라디보스토크에서 북쪽으로 약 110㎞ 떨어진 곳인데 교통 접근성이 좋지 않다. 열차로 가도 약 1시간 반 정도 걸리고 시내버스와 시외버스를 타도 비슷하게 걸린다. 버스나 승용차는 여름이면 홍수로 강이 범람하여 도로가 잠겨 막히는 경우도 많다. 인구 약 18만 명으로 결코 작은 도시는 아닌데 내륙 소도시라 인프라가 낙후된 지역이다. 마치 1950년대 한국 벽촌 환경이라고 보면 된다. 그럼에도 불구하고 우수리스크는 중국, 북한으로 들어가는 철도 분기점이라 동양 사람이 많이 보이고 무엇보다 연해주 시절 한인 동포가 정착한 마을이 있는 곳이다. 1920년대 최재형, 이상설(헤이그 특사) 같은 애국지사가 항일 투쟁하다가 일제에 의해 희생된 곳이며 민족 혼을 일깨운 의미 있는 역사의 현장이다. 지금은 뿔뿔이 흩어져 한인 3세가 우리들의 땅이었다는 흔적을 이어가고 있다.

우수리스크는 한민족에겐 의미가 큰 도시이다. 현재 약 1만 명이 산다고 한다. '해외한민족연구소'에서 설립한 고려인센터가 중심에 있고 한국관 식당과 위 두 분 생가가 있다. 옛 발해 시대 유적이 널려있는 곳인데 흔적은 아물가물하다. 이곳에 있던 거북 등 비석은 러시아 당국이 하바로프스크 자연 박물관으로 옮겼다(지도 5 하바로프스크 참조). 그러나 대다수 러시아인들은 그 중요성을 모르고 관심도 없다. 또한 정비 중인 민속촌 외에는 이렇다 할 볼거리가 없기 때문에 외부 관광객은 드물다.

고려인 문화 센터

독립운동가 최재형 선생 생가

이상설 선생(1870~1917)이 교육하던 건물. 고종황제 특사로 제2회 만국회의에 파견되었으나 뜻을 이루지 못하자 연해주에서 광복군 정부 수립 등 독립운동

우수리스크 러시아정교회

우수리스크 가는 길

많은 시간과 노력, 그리고 사명감 없이는 가기 어렵다. 한인 가이드가 차량, 안내를 맡으면 좋다. 그러나 단독 배낭 여행자는 사전 연구가 필요하다. 우선 블라디보스토크 역에서 밖으로 나왔을 때 바로 시내버스 터미널이다. 왼쪽 휴대전화 판매점(MTC, Megafon가게)을 보면 시외버스 터미널 행 버스 정거장이 따로 있다. 안내판도 없고 손님도 별로 없는데 81번 시내버스를 탄다. 이 버스가 시내를

관통하여 약 50분 가면 시외버스 터미널(아프토바그잘)에 도착한다. 안내표시를 따라 터미널 건물을 돌아가면 버스 주차장과 매표소가 있다. 우수리스크 행 버스는 매 30분마다 있다. 요금은 2016년 기준 210 P. 여기서 또 한 시간 정도 시골 비포장 도로를 달리면 우수리스크 러시아정교회 성당 앞에 터미널이 있다. 열차역도 가깝다.

우수리스크는 도시 계획이 미비하여 개인이 유적을 찾아가는 것은 매우 어렵다. 가이드가 없다면 가고 싶은 곳의 주소를 미리 파악하여 영어 소통이 가능한 택시 운전사를 찾아 협상을 해야 한다. 러시아인 택시 운전사도 찾기 어려운 주소라서 이 책이나 카페에서 사진을 다운받아 보여주면서 협상 하면 훨씬 수월할 것이다. 요금은 일당 5천 P 내외에서 협상하면 좋을 듯하다. 미리 협상하지 않으면 낭패를 당하게 된다. 우수리스크에 한국 선교사들이 활동하고 있고 한국 식당도 있다.

> ☑ **특별 팁▶ 휴대전화 심(USIM) 카드:**
> 공항이나 항만 또는 철도역 앞에 MTC 또는 Megafon이라는 회사가 꼭 있다. 데이터와 통화를 겸하는 기능을 주문한다. 여행 기간에 따라 5일, 7일, 10일 단위로 구입(한국보다 매우 저렴)하고 부족시 현지에서 재충전하는 것이 좋다. 러시아는 인터넷이 안 되는 곳이 많으므로 구글에 너무 의존하지 않도록 한다.

관광지도

지도 4. 우수리스크 관광지도.

우수리스크 역에서 아줌루드나야 달리나(민속촌)까지는 약 12㎞ 된다. 비포장 시골길이라서 우기에는 통행이 어렵고 건기에는 흙먼지가 인다. 안내자 없이 가기 어렵다. 고구려의 유지를 이은 발해국의 영토이다. 이곳에 '거북이 등에 세운 비석'이 있었는데 러시아 당국이 하바로프스크 박물관으로 옮겨갔다. 이 민속촌은 에머럴드 계곡에 세운 야외 박물관 개념인데 보존된 유적이 없고 고증에 따라 현대식으로 신축, 건설 중인 곳이다.

옛 주택을 복원한 민속촌 박물관

실제 이런 포가 있었는지는 의문이다.

83

하바로프스크(Khavarovsk, Хабаровск) ────────

하바로프의 이름을 딴 하바로프스크 중앙역. 그의 동상이 역을 지키는 듯하다. 19세기 러시아 르네상스 양식으로 잘 지었다. 이 역을 중심으로 버스, 트램, 택시가 집중 운행한다.

아무르 강 유원지. 겨울엔 꽁꽁 언다. 강 건너는 중국이다.

하바로프스크는 블라디보스토크보다 조금 이른 1858년에 극동 시베리아 지역을 통치하던 총독 '무라브요프 아무르스키'에 의하여 군사 기지로 설립된 도시이다. 도시 설립 200년 전인 1651년 탐험가로 알려진 '예로페이 하바로프'라는 코사크가 배를 타고 아무르 강으로 들어와 개척했다. 그 이름을 따서 도시 이름을 하바로프스크라 명명했고 하바로프 역 앞에 큰 동상을 세워 영구히 기리고 있다. 아무르 강과 우수리 강이 합쳐지고 중국과 영토 분쟁이 잦았으나 국력이 센 러시아가 중국의 양보를 얻어냈다. 제2차 세계대전 중에는 일본군의 점령지였고 종전 후 극동 군사재판소가 열렸던 곳이기도 하다. 인구 약 60만 명으로 블라디보스토크와 같은 규모이고 다양한 인종이 모여 산다. 겨울에 영하 30도는 따뜻한 편에 속한다. 도시 인프라는 취약하고 시내 버스는 한국에서 1980년대에 수출된 중고 버스가 주종이다. 블라디보스토크에서 시베리아 횡단 열차를 타고 약 11시간 걸리는 곳인데 하바로프스크를 지나치기에는 아쉬움이 큰 도시이다. 한인 3세, 4세 약 4천 명이 산다. 북한 사람(노동자)은 제외한 숫자이다. 역을 중심으로 한 구 시가지에 비해 아무르 강쪽 신 시가지가 볼 것이 많다. 이 도시는 겨울에 매우 춥다. 시베리아 추위를 맛볼 수 있는 곳이다.

숙박 & 식당

중앙역사에 부담 없이 즐길 수 있는 뷔페 식당이 있고 시내 쪽으로 공원을 끼고 걸어가다가 쇼핑 센터에도 괜찮은 뷔페 식당이 있다. 숙소는 호텔 외에 호스텔이 여러 곳 있어서 성수기가 아니라면 불편이 없다. 블라디보스토크보다는 덜 붐비는 모양새이다.

숙소는 여행자를 위한 호스텔이 역 근처와 레닌 광장 앞 거리에 있다. 일부 호텔은 너무 먼 곳에 있으니 반드시 구글 지도로 확인하고 예약해야 한다.

김유찬 거리

하바로프스크에 한국인 이름을 붙인 거리가 있다. 실로 감격스러운 일이라 하겠다. 그래서 한국 관광객들은 그 거리를 가 보고 싶어하고 기념 사진도 찍는다. 그러나 김유찬이라는 사람에 대하여 과도한 관심은 지양해야 한다. 본명이 김유경(알렉산드라)인 고려인 2세인데 일찍이 러시아 군에 입대하여 적군(볼세비키) 장교가 된 사람이다. 중위로 무공을 세워서 이름을 날렸고 1918년에 백군(황제에 충성하는 보수파 군대)에 잡혀 처형당했다. 즉 그녀는 '마르크스 레닌 공산주의자'이다. 조선 독립운동과는 무관하다. 지도 5의 ②번에 러시아 글자로 울리짜 김유체나(Ул.Ким Ю ЧЕНА)라는 안내표지가 있다. 김유찬을 러시아 식으로 표기한 것이다. 같은 핏줄을 나눈 한국인으로서 거리 이름을 남겼으니 대견하지만 오해는 없어야 한다.

관광지도

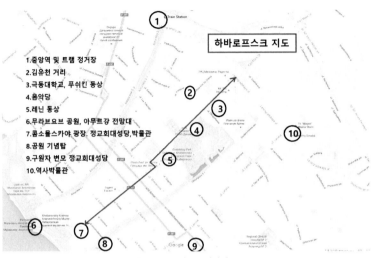

지도 4. 우수리스크 관광지도.

① 하바로프스크 중앙역. 버스와 트람바이, 택시 등 교통의 중심이다. 녹색 부분은 공원인데 걸으면서 볼 것이 많다. 빨간색 직선은 걷기 좋은 중심가.

② 김유찬(알렉산드라 김 거리)

③ 극동대학교(푸쉬킨 동상)

④ 음악당, 시청

⑤ 레닌 동상이 있는 광장

⑥ 무라브요프 아무르스키 백작(총독) 동상 및 아무르 강 전망대(김정일 2001년 방문기념비 있음)

⑦ 이 지역 핵심 지역, 러시아정교회 주교좌 대성당과 자연사 박물관 등

⑧ 공원 기념탑

⑨ 러시아정교회 구원자 그리스도의 거룩한 변화 대성당

⑩ 역사박물관

 팁 :

중앙역 길건너 버스정거장(오른쪽 방향)에서 1번 버스를 타면 시내를 관통하여 아무르 강 명소 쪽으로 갔다가 다시 역으로 돌아온다. 즉 시계 방향 순환 버스이다. 시내버스 요금 20루블이고 그냥 타면 할머니 차장이 요금을 받으러 온다. 러시아에서는 거의 대부분의 도시에서 버스, 지하철, 전차(트람바이) 요금이 같다.

시베리아 횡단 열차 타고 러시아 여행

러시아 숙소 정보

러시아 시베리아 철도 큰 역에는 "꼼나떠 오트디하(Комнаты Отдыха)"라는 숙소(영어 Rest room)가 있다. 심야나 새벽 시간 이용자를 위한 것으로 숙박비는 기본료 100루블에 추가 시간당 60루블 정도 한다. 공동 침실인데 깨끗하다. 열차 시간이 애매할 때 요긴하게 이용할 수 있다. 이 숙소를 운영하는 역은 시베리아 횡단 루트 중에 이르쿠츠크, 울란-우데, 슬류단카 역 등에 있으므로 역무원에게 문의하면 된다. 그들이 영어가 안 되므로 경칭 "빠좔-루스따" 또는 "이즈비니-째" 또는 "모즈너…"를 붙이고 "꼼-나떠 오트디하?" 하고 물으면 알아듣는다. 역사 2층에 있기도 하고 별채에 있기도 하다. 라운지에는 WIFI가 되고 소파와 물이 있다. 호텔이나 호스텔 등에서 1박을 하기도 어중간할 때 몇 시간 쉬기에 좋은 시설이다.

✔️ **어학 팁 (2)**

▶러시아어 알파벳 제1군: 영어 문자와 발음이 같은 것: A, E, K, M, O, T(6자).
A는 아, E는 예, K는 까 또는 카, M은 엠, O는 오, T는 떼이다.
예문: MaMa(마-마, 엄마), Елена(엘레-나, 여자 이름). Карта(까-르따, 지도), Молоко(말라꼬-, 우유), Он(온, 그<남성 대명사>), Там(땀-, 저기에)…
(영어 스펠 표기는 혼란을 주므로 안 합니다. 한글 발음 굵은 글자는 엑센트)

이르쿠츠크 역에 있는 여행자 숙소 '꼼나띄 오트디하'

시베리아 횡단 열차의 재미

이 열차를 타는 여행자는 여행을 즐기고 아날로그 삶을 즐길 줄 아는 사람이다. 비행기를 타면 몇 시간에 갈 거리를 3박 4일 또는 6박 7일을 묵묵히 타고 간다.

시베리아 횡단 열차의 백미는 울란-우데에서 이르쿠츠크까지 구간이다. 이 구간을 주간에 달리도록 시간을 짜야 한다. 블라디보스토크에서 이르쿠츠크 역까지 3박 4일 약 4,000㎞를 달리는데 창밖을 보면 기대에 어긋나기 일쑤이다. 겨울이면 가도 가도 눈 덮인 설경이고 나무도 들도 집도 하얗다. 처음 몇 시간은 탄성을 지르지만 오래가지 않는다. 더구나 공산주의 시절을 겪으면서 바깥 사람들에게 보안상 필요성 때문인지 철도 변에 자작나무들을 대량 심었다. 그래서 나무들이 시야를 가리므로 여행자는 간혹 나무가 없는 짧은 구간만 볼 수 있다. 이들이 얼마나 가난하게 살았는지는 집을 보면 안다. 도심 근처 근교에는 "다차"라고 하여 오두막 같은 작은 집들이 모여 있지만 거주 주민들 집은 목재와 함석으로 지은데다가 페인트 칠을 못하여 볼품없다. 그때마다 혹시 우리 선조인 고려인들이 이곳에 강제 이주되어 살던 집이 아닐까 하는 걱정도 될 정도이다.

울란-우데를 지나면서 바이칼 호수가 보이면 정말로 탄성이 나온다. 카메라를 들고 통로로 나가거나 침실에서 유리창에 카메라를 붙이다시피 대고 찍기 바쁘다.

언 것 같은 바다

바이칼 호수에서는 간혹 낚시꾼도 보인다.

옛 발해 땅에서 발견된 '거북등 비석'이다. 1193년 거란을 무찌른 여진족 장군을 기린 비석으로 우수리스크에 세운 것이다, 1895년 하바로프스크 국립박물관으로 옮겨놨다. 귀중한 우리 조상의 유적이다.

극동대학교 정문 앞 푸쉬킨 동상. 1995년 한국학 대학이 설립되었고 2011년 여러 대학을 통합하여 국립극동대학교로 출범했다. 2012년 7월 APEC 회담도 열린 곳이다.

정교회 성모승천(성모안식) 대성당

그리스도의 성변모성당(수도원)

아무르 강 전망대

아무르 강을 건너면 중국 땅이다.

시내버스는 1980년대 한국 중고 버스(Daewoo)
가 대부분이다.

서민의 발, 고물 트람바이. 적어도 50년은 넘은 전
차이다. 어려운 경제 사정을 나타내고 있다.

째르콥

사보르

교회 명칭에 따른 러시아정교회와 가톨릭 교회 비교		
XPam	흐람	일반적인 용어로 교회, 성당, 이슬람 사원
Собор	사보르	대성당(영어 Cathedral, 독어·이태리어 Dom)
Успенская	우스펜스카야	성모승천(8월 15일), 정교회에서는 성모안식일
Васкреснская	바스크리센스카야	부활대축일(또는 주일)
Церковь	째르콥	교회(규모가 좀 작은 일반 교회, 성당)

시베리아 동부 지역

치타(Chita, Чита)

치타 역 앞 러시아정교회 새로운 대성당

알렉산드르 넵스키(1220~1263) 동상

모스크바 인근 블라디미르 공국 왕자 출신이다. 젊은 시절 서쪽으로는 스웨덴 군을 물리치고(1240년) 말년에는 몽골 지역(치타) 농민 반란군을 진압(1259년)하는 등 혁혁한 무공으로 러시아를 지켜낸 장군으로 두루 추앙받는 인물이다. 그의 이름을 딴 러시아정교회 성당이 상트 페테르부르크, 불가리아 소피아, 에스토니아 탈린 그리고 러시아 노보 시비리스크 등 독특한 비잔틴 스타일 건축 양식의 대성당이 많다. 치타에는 보기 드문 그의 동상이 최근에 세워졌다.

94

치타는 시베리아 횡단 철도에서 블라디보스토크 기준, 약 삼분지 일 정도 달려온 거리에 있다. 치타는 이렇다 할 관광객 유인 요소가 적다. 닷짠이라고 하는 라마교 수도원(사원)이 시외에 있어 국경을 접한 중국인 여행자들이 조금 있을 뿐이다. 역 앞에 정교회 대성당과 알렉산드로 넵스키의 동상 정도가 눈길을 끌고 굳이 찾자면 1825년의 데카브리스트 난(이르쿠츠크 개관 설명 참조) 이후 유배된 젊은이들의 생활상을 간직한 데카브리스트 박물관 정도이다. 19세기 초 건축물이다. 당시 쿠테타를 모의했다가 잡힌 젊은 장교들이 주모자급은 처형당하고 나머지는 목숨만 부지하여 시베리아로 유배되었는데 대부분 이르쿠츠크에 버려지고 일부는 더 멀리, 더 오지인 치타로 와서 비참한 유배 생활을 했다. 그 와중에 프랑스 출신 아내 한 명은 이루크츠크로 와서 오매불망 남편의 소식을 기다리다가 마침내 남편을 찾고 음식과 생필품을 전해 주었다는 전설 같은 이야기가 남아 있다. 모스크바에서부터 약 6천㎞를 여자가 몇 개월 걸려서 찾아왔으니 춘향이는 저리 가라 할 순애보라 하겠다. 인종은 몽골계 사람이 많다.

✔️ 어학 팁 (3)

▶ 제2군-문자와 발음이 비슷한 것: В, С(2자): В(붸)는 모양이 같지만 발음은 영어의 "V"에 가깝다. 예를 들면 ВОда(보다, 물)은 실제 약한 V 발음으로 "봐다"로 한다. С(에스)는 "S" 발음이다. СОК(쏘크, 쥬스) 또는 Суп(수프, 국)처럼 ㅅ 또는 ㅆ 발음이다. y(우)나 п(프) 발음은 후술이다.

시베리아 횡단 열차 타고 러시아 여행

울란-우데(Ulan-ude, Улан-Удэ)

울란-우데 역. 울란 우데는 붉은 강이란 뜻이다. 도시를 흐르는 강 이름이다.

이볼진스크 닷짠(Ivolginsk Datsan, Йволгиский Дацан). 이볼진스크의
라마교 수도원. 러시아 유일의 대형 사찰. 2000년 이후 지은 목조 건물.

브리야트족(몽골인)들의 불교 문화 분위기가 남아 있는 도시이다. 1666년경 코사크 족이 군사시설(요새)을 지으면서 우딘스트라는 이름으로 건설했다. 소련의 침공으로 공산화 이후 "울란-우데"로 바뀌었는데 '우데' 강물이 붉은색이 난다고 하여 브랴트 족 언어로 "울란-우데"로 지었다. 현재 브랴트 족의 자치 공화국 수도로 인구 약 40만 명의 중소 도시이다. 자치 공화국의 의미가 한국인들에겐 잘 와 닿지 않는다. 소수 민족이 여럿인 나라들은 그들에게 일정한 자치 행정권을 주어 평화 공존을 모색하는 경우가 많다. 그러나 중요한 외교, 국방, 조세권은 중앙정부가 가지고 있다. 그래서 돈을 중앙정부에서 안 내려주면 사회간접시설(도로, 전기, 통신 설비 등)을 못 하므로 통제가 되는 구조이다. 몽골인 체질로 유목 민족이고 바이칼 호수의 주인이다. 한민족과 얼굴 생김새나 풍습이 비슷하다. 예로부터 중국 차를 러시아 지방으로 무역하던 거점이었고 모종의 러시아 군사 기지가 있어서 1980년대 초까지만 해도 외부인 출입을 금지하던 도시였다. 울란-우데 도심을 조금만 벗어나면 광활한 초목 지대와 목조 주택들을 보게 된다. 겔이라는 이동식 천막 주택은 관광지에나 가야 볼 수 있고 간판이나 조형물을 보면 한국인과 정말 많이 닮았다는 생각을 하게 된다.

세계 최대의 레닌 두상

브리야트 자치 공화국 수도인 울란-우데 중심가에 가면 레닌 광장이 있고 세계 최대의 레닌 두상이 있다. 관광 자원이 별로 없는 울란-우데에서 좋은 볼거리가 되고 있다. 이 두상은 높이가 7.7m로

소련제가 아니다. 블라디미르 레닌(1870~1924) 탄생 100주년을 기념하여 1970년 핀란드에서 청동으로 제작했는데 국민들 반대 여론이 비등하여 갈 곳을 잃고 난처한 처지가 된 것을 울란-우데가 받아 레닌 광장에 설치한 것이다. 이 광장에는 공화국 청사, 시 청사, 구 KGB 청사, 공산당사 등 핵심 기관이 있다. 레닌 두상은 가히 '포토 존'이 되어 인기가 높은데 외국 관광객들에게는 존경보다는 호기심과 조소에 가까운 분위기이다. "아직도 레닌상이 있네요?" 하는 정도이다.

숙박 & 교통

브리야트 공화국 인구가 약 150만 명이고 수도 울란-우데 인구가 40만 명이다. 이 인구가 남한 땅 3배의 초원에 살므로 인구 밀도가 낮은 도시이다. 호텔과 호스텔이 레닌 광장 주변에 여러 곳이다. 중앙역에서 레닌 광장까지 약 1.3㎞로 짐이 많지 않으면 걸어서 갈 수 있다. 택시비는 150~200루블이다. 도심(첸트로) 역시 걸어서 10분이면 종심을 통과한다. 그동안 박물관, 아르바트 거리, 아름다운 러시아정교회(우스펜스카야 성당, 성모승천 성당) 등을 다 볼 수 있다.

세계 최대의 레닌 두상. 갈 곳 못 찾은 이 두상을 울란-우데 시가 인수하여 관광 자원으로 잘 활용하고 있다.

구 소련 스탈린 시대에도 용케 허용된 라마교 수도원이며 브리야트족의 정신적 성지이다. 울란-우데 중심가에서 아르바트 거리로 약 10분간 내려오면 버스 터미널이 있다. 130번 버스를 타고 약 40㎞, 40분간 가면 '이볼진스크'에 닿는다.(요금 40루블) 거기서 셔틀버스(요금 20루블)로 약 5분 더 가면 된다. 몽골과 중국에서도 많이 온다.

브리야트족 문양-한국인 정서와 상통한다.

중심가 레닌 광장

정교회 대성당. 매우 아름답다.

관광지도

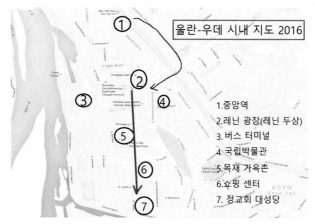

지도 6. 울란-우데 시내 관광지도.

① 울란-우데 중앙역(레닌 광장까지 약 1.3㎞)

② 레닌 광장 & 레닌 두상(공산당사, 시청 등 행정중심)

③ 울란-우데 버스터미널

④ 국립 역사&브리야트 박물관(박물관과 동물관 입장료 따로 받음) 앞 오페라하우스

⑤ 목재 가옥촌

⑥ 무역 아케이드(쇼핑 상가) 및 광장

⑦ 러시아정교회 주교좌 대성당

★ 빨간색 직선이 번화가이며 산책하기 좋은 아르바트 거리

★ 이볼진스크 가는 버스터미널은 지도 6에서 볼 때 ⑦번 대성당과 왼쪽 대각선 방향에 있다. 규모가 작아서 지나치기 쉬움. 24시간 영업하는 스탐이라는 가게가 있음

✔️ 어학 팁(4)

▶ 알파벳 제3군 문자는 같고 발음이 다른 것: Н, Р, У, Х(4자)

Н="엔"으로 읽는다. 영어 N이다. НОЖ(노쉬, 칼) 또는 Нет(네트, 아니요)

Р="에르"로 읽는다. 영어 "R"이다. Рис(리쓰, 쌀, 밥) 또는 Роза(로자, 장미)이다.

У="우"로 읽는다. 영어 "U"이다. Урок(우록, 수업 또는 과 科)이다.

Х="하"로 읽는다. 이유는 묻지 말자. Хорошо(하라쇼, 좋다, good). 모음 "о"에 엑센트가 오면 "오"로 발음하지만 없으면 "아"로 발음한다. 많이 쓰는 단어이니 꼭 외우자. 엑센트가 뒤에 있다. 하라쇼 또는 Хор(호-르)로 읽는다.

이르쿠츠크(Irkutsk, Иркутск)

이르쿠츠크 역

시 문장인 먹이를 문 늑대 상

이르쿠츠크는 1661년 몽골(부랴트 족)과 중국 그리고 멀리 인도와 티베트에서 생산된 모피, 차, 비단 등 교역을 관리하기 위해 세관을 설치하며 발전했다. 동시베리아 지역의 사실상 수도 역할을 하는 도시로 인구 약 70만 명이며 시베리아 횡단 철도의 중요 거점이다. 중국에서 올라오는 철도와 연결되고 항공편도 많다. 또한 지구상에서 가장 오래전에 생성된 바이칼 호와 약 70㎞ 떨어진 도시로 관광객이 많은 도시이기도 하다. 특히 성수기인 7월과 8월에는 절정을 이룬다.

이르쿠츠크를 잘 이해하려면 러시아 역사를 좀 알면 빠르다. 1812년 프랑스 나폴레옹 황제는 영국을 고립시키기 위해 대륙봉쇄령을 내린다. 연합국들이 모두 동조했지만 농업국인 러시아로서는 밀 수출길이 막히면서 재정난에 시달리게 되자 알렉산더 1세 황제는 대륙봉쇄령을 무시하고 영국과 무역을 하게 된다. 이에 나폴레옹은 격분하여 러시아 원정길에 나선다. 약 60만 명의 각국 군사를 조직하여 러시아 공략에 나섰는데 러시아의 전략은 적을 깊숙이 끌어들여 자멸하게 하는 것이었다. 오늘날도 60만 대군이 움직이려면 막대한 후송 군수 지원이 필요한데 당시 수송, 보급 능력은 보잘것없는 수준이었다. 또 하나의 문제는 프랑스 단일군이 아니고 점령지의 군대를 강제로 모은 것이어서 사기는 높지 않았다는 사실이다. 러시아는 후퇴하여 모스크바를 비워주고 나폴레옹 군이 입성하자 불을 질러 도시를 잿더미로 만들었다. 이른바 초토작전이다. 뒤늦게 이런 계략을 알아챈 나폴레옹은 겨울철이 오자 희생자가 늘어 퇴각하게 된다. 눈이 오고 맹추위에 동사자가 속출하여 퇴각에 바쁜 프랑스군을 러시아군은 계속 추격하며 괴롭히는 빨치산 작전으로 나폴레옹 군을 궤멸시킨다. 나폴레옹 군은 불과 3만 명 정도만이 살아 돌아갔는데 러시아군은 파리까지 추격하여 드디어 1814년 파리 입성에 성공한다.

이것이 끝이 아니다. 당시 러시아는 황실과 귀족들이 토지를 독점하여 전 인구의 약 90% 정도가 농노였다. 농노는 문맹자이고 거주 이전의 자유가 없는 노예 신분이었다. 참고로 톨스토이의 소설 <전쟁과 평화>를 보면 주인공 피에르는 서자였지만 유산을 상속받아 백작이 되고 막대한 토지를 갖게 되었는데 이에 딸린 농노가 약 4만 명이라고 했다. 물론 소설이지만 톨스토이 본인이 백작 신분의 귀족 집안이라 당시 사정을 알 수 있는 자료가 된다. 그 당시 귀족의 아들들은 바로 장교로 임관되어 근위사단이나 기병사단에 근무했고 나이도 20대에 영관 장교가 되었다. 서민들과는 달리 귀족 교육을 통하여 불어로 대화했고 독일어도 했다. 러시아어는 백성의 언어로 아랫것들이 못 알아듣게 불어를 쓴다고 할 정도로 서민들과는 유리된 생활을 했다.

문제는 이제부터였다. 파리에 입성하여 화려하고 수준 높은 생활을 본 젊은 장교들은 귀국하여 러시아 정치체제를 개혁해야겠다는 생각을 하게 되었다. 즉 제국주의 황제를 폐위하고 공화국을 수립하자는 일종의 반역을 꾀했는데 이 거사를 실행하기 직전에 발각되고 말았다. 이때가 1825년 12월 14일이다. 영어로 12월이 'December'인 것처럼 러시아어로 데카브리스이기에 "데카브리스의 난"이라고 한다. 결국 새 황제 니콜라이 1세는 이들을 소탕하여 주모자 6명은 처형하고 참모급 31명은 감옥에 처넣는다. 나머지 장병들은 체포하여 시베리아로 유형을 보낸다. 그 유형지가 바로 이르쿠츠크이다. 유배를 보낼 때 고이 보낸 게 아니라 발목에 무거운 무쇠 추를 달아 평생 못 풀게 하고 귀족 신분도 박탈했다. 허허벌판에 유배당한 젊은이들은 거의 맨손으로 목재를 벌채하여 집을 짓고 농사를 지으며 살았다. 젊은 아내들 대다수는 모스크바에서 개가하고 수십 명은 남편을 따라 다음 해에 3개월간 걸어서 이르쿠츠크에 합류했다. 이렇게 순애보는 러시아에도 있었다. 이들이 파리의 건축들을 참고하여 지은 목재 건축들이 일부 남아있다. 이렇게 하여 광야나 다름없던 이르쿠츠크는 동양의 파리라는 명성을 얻어나간다.

숙박 & 식당

이르쿠츠크는 동 시베리아 지역 최대의 도시이고 남쪽으로 중국과 연결되는 철도, 항공 등 교통이 좋아 중국인들의 왕래가 많다. 바이칼 호를 찾는 외국 관광객들이 반드시 들러야 하는 요충지라서 연중 여행자들로 붐비는 도시이다. 따라서 여러 등급의 호텔, 호스텔 등이 많고 가격도 착한 편이다. 식당 역시 큰 중앙 시장이 도심에 있어서 식재료가 풍부하고 영어와 중국어도 조금 통용되는 곳이다. 교통도 국제공항이 도심에서 가까운 편(동쪽 약 9㎞)이고 중앙역도 앙가라 강 건너 다리 하나 사이라서 좋은 편이다. 주소만

유라시아 철도여행
발트 3국 버스여행

있으면 어디든 찾아갈 수 있지만 택시는 추천하기 어렵다.

관광 & 레저

시베리아 횡단 열차로 이르쿠츠크 역에 도착한 여행자는 지도 7의 ①번 중앙역에 내린다. 짐이 가볍고 시간이 넉넉하면 걸어서 ② 글라즈브스크 다리를 건너며 앙가라 강변 경치를 감상하는 것도 좋다.

도착 시간이 야간이거나 배낭 또는 캐리어가 무거울 경우에 택시를 타면 요금 흥정을 해야 한다. 러시아에서 일반적으로 멀지 않은 거리는 200루블에서 최대 400루블 정도가 정상가이다. 더 좋기는 역 앞에 버스와 트램바이가 있다. 역에서 나와 20번, 49번을 타면 지도에서 ②번 다리를 건너 칼 마르크스(마르쿠사) 방향으로 가므로 3정거장 정도 지나서 내리면 웬만한 숙소를 찾아갈 수 있다.

관광지도

지도 7. 이르쿠츠크 관광지도.

이르쿠츠크에도 워킹 투어 안내가 있다. ⑤번 강변에 알렉산드로 3세 동상이 있는 공원에 가면 경치가 좋고 데이트 코스이다. 여기서 시내 오른쪽을 보면 부활의 십자가 러시아정교회(1758년 설립)와 이르쿠츠크 시 문장인 늑대상이 있는 광장을 볼 수 있다. 이 지점이 걷는 시작점이다. 길바닥을 잘 보면 녹색 화살표가 있다. 이 화살표를 따라가면 대부분의 유적을 갈 수 있다. 러시아나 서 유럽이나 오래된 교회, 성당이 주 대상이고 특이한 건물이나 박물관을 보는 정도이다. 약 2시간 30분 정도 걸린다. ⑥번 중앙 시장은 필수 코스이다. 과일과 의류, 전자 제품등 큰 시장이고 리스트비앙카 가는 미니 버스도 여기서 출발한다. 요금은 편도 120 루블 정도이고

유라시아 철도여행
발트 3국 버스여행

간식을 사 가지고 가는 것도 좋다. 바이칼 호를 조금이나마 맛 볼 수 있다. 노점상에서 이곳 바이칼 호 생선(오믈)을 맛보는 것도 바이칼 호 이색 경험이 된다. ⑩번 마르크스 거리에서 ③번 광장으로 가면 볼 만한 유적들이 몰려있다. 공산당 당사와 무역센터 등 중심지이다. ③번 강변에서 보면 건너 편에 즈나멘스크 수도원(거룩한 성령수녀원) 성당이 보인다. 이 수도원은 1762년에 설립되었고 데카브리스트 난에 희생된 사람들과 백군 사령관이었던 알렉산드로 콜차크(Kolchak)제독의 동상과 묘가 있다.

1824년 제카프리스트 난 유형자들이 지은 목조 주택 마을

가톨릭 성당, 폴란드인들이 세운 성당이다. 수백만명이 러시아에 잡혀 왔는데 종교의 자유를 허용하여 민심을 수습하고자 했다.

도심 운행 중인 한국산 중고버스

107

한국에서 수입한 중고버스가 운행된다.
요금은 20루블로 저렴하다.

도로에 여행자 관광 코스를 그려놨다. 이 길을 따라가면
주요 유적을 다 돌아볼 수 있다.

중앙시장의 채소, 과일 가게에 고려인(후손)들이 많다.

러시아 정교회 대성당

✔️ 어학 팁(5)

▶ 제4군 전혀 다른 문자와 발음:Б(б),Г,Д,Ё,Ж,З,И,Й,Л,П,Ф,Ц,Ч,Ш,Щ,Ъ,Ы,Ь,
Э,Ю,Я(21자 중 10자)

Б(б)="베"로 읽는다. 영어 "B"이다. Бра
т(브라트, 형제), банк(반크, 은행)

Г ="게" 또는 "그"로 읽는다. 영어 유성음
"G"이다. Где(그제, 어디에?) 이 의문사는
여행중 매우 많이 요긴하게 쓴다. 화장
실이 어디에요?= 그제, 또왈레뜨?

Д="데"로 읽는다. 영어 "D". Дом(돔, 집)
이태리어 돔(Dom)과 같다.

А Б В Г Д Е Ё
Ж З И Й К Л М
Н О П Р С Т У
Ф Х Ц Ч Ш Щ
Ъ Ы Ь Э Ю Я

Ё="요"로 읽는다. 영어 "yo". её(이요, 그녀의)

Ж="쥐"로 읽는다. 거미같이 생겼다. Жарко(좌르카, 덥다, 더운),Этаж(에따쥐,층)

З="제 또는 즈"로 읽는다. 숫자 3과 같은 모양. Завтра(잡트라, 내일), Завтрак(잡
트라크, 아침식사). 이렇게 К자 하나만 더 붙이면 "내일"이 "아침식사"가 된다.

И="이"로 읽는다. Иван(이반, 남자 이름. 이반 4세는 악명 높았음).

Й="이 끄라뜨꼬에라고 하며 "짧은 이"라고 하는 자음 성격의 특이한 문자.

Л="엘"로 읽음. 영어 "L". Лампа(람빠, 등불, 전등). 이 문자 앞뒤에 모음에 올 경
우엔 모두 "리을"을 붙인다. 즉 앞에 나왔던 우유(Молоко) 단어를 영어로 써 보
면 Mal- la-ko 앞 두 음절에 리을을 붙인다. 마라꼬가 아니고 "말/라/꼬"이다.

П="삐"로 읽는다. Пожалиста(빠좔-루스따, 영어 Please 의미로 제발, 좀…). 이 단
어는 꼭 외워서 입에 붙어야 한다. 아주 많이 쓴다. 발음기호를 찾아보면 빠좔-
루이스따인데 실제 들어보면 "빠좔-루스따"이다. 좔 발음을 강하고 길게 한다.

유의할 점은 대문자, 소문자, 필기체가 영어와 개념이 달라서 혼용하면 안 된다.
Т를 예로 들면 대문자나, 소문자나 크기만 다르고 같은 모양으로 쓴다. 필기체로
"Т"는 "m"으로 기록한다. 예를 들면 뒤에 나오는 "이 분은 누구입니까?"는 "Кто Э
то"인데 필기체로는 "Kmo Эmo"로 쓰고, "크또 에떠"라고 읽는다.

109

시베리아 횡단 열차 타고 러시아 여행

바이칼 호수와 알혼 섬 ————————

(Lake Baikal & Olkhon island, Озеро байкал И Остров Ольхон)

바이칼 호의 겨울. 바이칼 호는 이름만 들어도 가슴이 뛴다.

시베리아 동부 지역
바이칼호 주변 도시와 마을

바이칼 호

1.이르쿠츠크
2.리스트비앙카
3.슬류단카
4.바이칼호 알혼섬
5.울란-우데

바이칼 호는 지리학적으로는 호수지만 바다나 같은 거대한 호수이다. 표면적은 발트해와 비슷한 크기이다. 바이칼 호는 지구 상에서 가장 오래전에 생성된 담수호이다. 생성된 지 약 3천만 년으로 보고 있다. 시베리아 지역에서 가장 각광받는 관광지이고 신비를 간직한 호수이다. 보통 사람들의 상상을 뛰어넘는 통계를 볼 수 있는데 길쭉한 바나나 모양의 바이칼 호는 남북 길이가 636㎞로 서울-제주(454㎞)보다 길다. 깊이는 최저 수심이 1,637m이고 세계 담수량의 20%를 담고 있다. 세계 최고의 청정 호수로 그대로 마실 수 있고 수심 40m까지 투명하게 보이는 등 신기록을 많이 보유하고 있다. 겨울이면 꽁꽁 얼어서 트럭은 물론 열차도 다닐 수 있으며 여름이면 도선에 버스나 승합차를 실어 섬으로 이동한다. 뿐만 아니라 수천 종의 희귀 어종과 식물이 산다. 더욱 신비스러운 것은 바이칼 호로 약 300개의 크고 작은 강물이 흘러 들어오고 나가는 곳은 지도 8에서 2번 앙가라 강(이르쿠츠크) 한 곳뿐이다. 그런데도 우수한 자정 능력이 있어서 청정 호수를 유지한다. 이 호수에 가장 큰 섬인 알혼 섬(지도 4)에 약 3천 명의 주민이 살고 있다. 바이칼 호에서 맞는 겨울 바람은 그야말로 칼로 살을 에이는 듯한 매서운 시베리아의 겨울을 혹독하게 체험하게 해 준다.

지도 8에서 1번은 바이칼 호에 가기 위해 꼭 경유해야 하는 시베리아 거점 도시이다. 2번은 바이칼 호에 접한 리스트비앙카 마을로 거리 약 70㎞ 떨어져 있어서 당일 관광이 가능하다. 3번은 슬류단카라는 어항으로 바이칼 호 남부 호반을 트래킹 또는 환상 열차를 타고 관광할 수 있는 곳이다. 4번은 알혼 섬이고 5번은 이미 설명한 울란-우데이다. 화살표는 시베리아 횡단 열차(블라디보스트크 출발)의 진행 방향이다.

바이칼 호는 사계절 특성이 달라 언제 보아도 경이롭다. 4월까지 얼음 호수가 되어 차가 달린다. 표면이 고르지 않다, 물결치다가 그대로 얼기를 반복하여 장관을 이룬다. 알혼 섬 주민은 거의 몽골 브리야트 족이다. 샤머니즘 신앙을 가지고 있어서 민속학자들의 주목을 받는다. 한민족의 뿌리라는 설이 점차 설득력이 높아간다.

유네스코 문화유산인 바이칼 호 알혼 섬 무속신당 나무와 굿 장소. 브리야트 족 사람들은 이 장소를 거룩한 성지로 믿으며 징기스칸이 이 근처에 비밀리에 묻혔다는 전설 차원의 이야기가 내려오고 있다. 근래 역사가들의 답사가 많아진 지역이다.

113

알혼 섬(Olkhon Island, Остров Ольхон)

알혼 섬 중심부 후지르 마을 전경.

바이칼 호에 섬이 33개 있다. 그 중 가장 큰 섬이면서 주민이 사는 곳이 알혼 섬이다. 옛날 칭기즈칸의 무덤이 있다는 설도 있고 스탈린 시대에는 소위 정치범을 수용하기 위한 바라크(수용소)도 있었다. 탈출을 못하게 외딴 섬으로 보낸 곳인데 기실 육지와 거리는 불과 2㎞ 정도밖에 안 된다. 섬은 길이가 72㎞로 생각보다 큰 섬이다. 경상남도 정도 된다. 관광용 미니 버스로 섬 투어를 하려 해도 북쪽과 남쪽을 하루씩 이틀 잡아야 한다. 북쪽은 호수와 호반 경치가, 남쪽은 숲과 기암을 보기 좋다. 주민 대부분은 어업과 관광업에 종사한다. 후지르 마을 언덕에 작고 예쁜 성당이 하나 있다. 러시아정교회인데 거의 매일 성찬전례(미사)가 있다. 독신자인 사제는 평일엔 불과 10여 명의 신자들과 거룩한 예배를 드린다. 이르쿠츠크 교구 소속으로 성모 마리아님께 봉헌된 교회이다.

알혼 섬 가는 길

일단 항공이든 철도이든 이르쿠츠크로 가야 한다. 이르쿠츠크 중앙시장 터미널이나 호텔(호스텔)에서 미니 밴을 타면 알혼 섬 선착장까지 약 290㎞ 간다. 이르쿠츠크에서 바이칼 호를 따라 올라가기 때문에 약 3시간 거리이고 휴게소가 한 곳 있다. 요금은 2016년 기준 왕복 850루블인데 호텔에서는 약간의 수수료를 더 붙인다. 유념해야 할 것은 중앙 시장 터미널 버스는 정기 노선이고 호텔(호스텔)에서 픽업해 주는 버스는 자가용을 운행하는 개인 사업자라는 점이다. 그래서 미니 버스에 아무런 노선 표시가 없다. 선착장에 도착하면 계절에 따라 후지르 마을 가는 방법이 달라진다. 겨울철인 12

월에서 3월까지는 얼음이 두껍게 얼어 있어 차량이 고속도로를 달리듯 주행한다. 4월부터 5월 초까지는 부분적으로 얼음이 녹기 시작하여 위험하므로 수륙 양용 공기부양정(하바크라프트)이 운행된다. 요금이 좀 비싸다. 약 350루블(편도). 하절기에는 정기 도선에 미니버스를 싣고 알혼 섬에 들어간다.

숙소 & 관광

알혼 섬에서 숙소는 니키타 홈스테드(Nikita Homestead)가 독보적인 존재이다. 규모와 유명도에서 탁월하다. 다만 개인 민박 형태보다 조금 비싼데 그 대신 아침, 저녁 유기농 식사를 제공하고 Wifi도 무료 지원한다. 2016년 현재 공동 침실 기준 하룻밤에 1,400루블이고 개인 민박(호스텔)은 800루블 정도이다. 니키타 홈스테드는 성수기엔 예약이 어렵다. 관광도 개인은 매우 어렵다. 숙소에서 주선 또는 주관하는 남쪽, 북쪽 투어가 있다. 1인당 800루블에 간단한 도시락 제공이다. 약 4시간 걸린다.

알혼 섬 후지르 작은 마을에 유일한 정교회 성당. 작다고 허투루 짓지 않는다.

바이칼 호 겨울 풍경. 얼음 위에 앉아 명상

알혼 섬 '니키타 홈스테드' 이 섬 최고의 숙소이다. 식사는 유기농 제품만 쓴다. 다른 호스텔은 개인 사업으로 규모가 작고 저렴하다.

4월은 해빙기로 안전 고려, 공기부양정(하바크라프트)를 타고 입·출도 한다.

바이칼 알혼 섬의 바라크. 스탈린 시대 정치범 수용소 유적이다.

어학 팁(6)

▶ 제4군 11개 문자 계속

ф="에프"로 읽는다. 러시아어는 키릴 문자라서 그리스어와 비슷한 문자가 많다. 영어 "F"와 비슷하다. Фото(포타, 사진) 앞 문자 "o"는 악센트가 들어가므로 원래 발음인 "오" 발음이고 뒤에 "o"는 악센트가 없으므로 "아" 발음이다. 포타인지 훠타인지 구별이 어렵다.

ц="째"로 읽는다. 러시아 황제를 "짜르"라고 하는데 이 철자이다. Центр(짼트르, 중심, 시내) 또는 Цирк(찌르크, 서커스). 도시에서 택시 타고 중심가로 갈 때 "짼트르"라고 하면 알아듣는다. 러시아 큰 도시에 찌르크 극장이 번화가에 있다.

ч="체"로 읽는다. Чай(차이, 홍차) 러시아 사람들은 차를 많이 마신다. 아주 예외적인 발음이 있다. Что(슈토, 무엇=what) 또한 아주 많이 활용하는 의문사이다.

ш="샤"로 읽는다. Школа(쉬꼴라, 학교) 또는 Шапка(솿까, 모자)

щ="시챠"로 읽는다. 위 "ш"와 비슷한데 오른쪽 밑에 수염이 달렸다. Площадь(쁠로샤지, 광장) 거리 이름에 많이 나온다. 레닌 광장은 레니나 쁠로샤지...

ъ="뜨뵤르드이 즈나끄"로 발음한다. 러시아어 특유의 "기호"이다. 소리가 없고 음절을 나누는 기능만 있다. 딱딱한(경음) 기호라고도 한다. 왼쪽으로 수염이 있다.

ы="의"로 발음한다. 역시 러시아 특유의 문자이다. Мы(므의,1인층 복수 우리들) 또는 Ты(뜨의, 너)가 있고 복수는 Вы(븨)는 너희들(단수라도 경칭으로 쓰임).

ь="먀흐끼이 즈나끄"로 읽는다. 역시 "기호'이며 부드러운(연음) 기호라고 한다.

Альбом(알봄, 앨범)을 음절을 나누어 알/봄처럼 발음한다.

э="에"로 읽는다. Это(에떠, 이것) 영어의 be 동사처럼 "이것은~이다"처럼 쓰인다. 쇼핑에 필수 단어이다. "이것이 무엇입니까"는 Что Это(슈또 엣떠?)이다.

ю="유"로 읽는다. Юрий(유리. 남자 이름) 또는 Знаю(즈나유, 나는 안다)

я="야"로 읽는다. 1인층 "나"이므로 많이 쓰인다. 영어에서 "i"이다.

시베리아 서부와 우랄 지역

노보시비리스크(Novosibirsk, Нобосибирск) ──────

노보시비리스크 역

알렉사드로 넵스키 러시아정교회 대성당. 1898년 비잔틴 양식으로 건립되었다.

노보시비리스크는 "새로운 시베리아"라는 뜻이다. 1925년부터 이 명칭을 썼다. 러시아에서 모스크바, 상트 페테르부르크에 이어 3대 도시로 인구 약 150만 명의 큰 도시이다. 도시가 발전하게 된 배경에는 1890년 오브(Ob) 강에 시베리아 철도를 위한 다리가 놓이면서 급속히 좋아졌다. 이 도시는 시베리아 지역 교통의 허브 역할을 하며 중공업 단지가 조성되어 과학 도시인 아카텔고로도크를 위성도시로 두고 있다. 시민들은 세계 최초로 인공위성(1961년 4월 11일, 우주인 유리 가가린)을 쏘아 올린 자긍심을 가지고 있다. 냉전시대에 전투기(수호이)를 대량 생산했고 따라서 외국인 출입 금지 지역이었다. 노보시비리스크는 1937년 연해주 지역 한인들을 강제 이주시킬 때 종착역이었다. 여기에서 뿔뿔이 흩어졌다. 이 도시는 비가 오면 도시가 진흙탕이 되고 날씨가 맑으면 흙먼지가 휘날리므로 밝은 색옷은 피하는 것이 좋다.

가톨릭 성당 주교좌 대성당. 교구에 본당이 7개 있다. 1979년 신축했다.

정교회 주교좌 예수 승천 대성당. 1913년 건립했다.

성 니콜라스 정교회 소성당(Cappel)은 특별한 의미를
가진 기념물이다. 이 위치가 1915년 당시의 러시아 국
토의 지리적 중심(배꼽)이다. 1930년대에 설립되었으
나 파괴되어 1993년에 재건하였다. 사람 6명 정도 간
신히 들어갈 초미니 공간이며 성물 판매소를 운영하고
있다. 노보시비리스크 중앙대로 중심에 위치하고 있어
서 대부분의 시민들은 매일 이곳을 지나며 공경의 인
사를 한다. 지도 9의 ⑤번과 ⑥ 중간에 있다.

121

관광지도

노보시비리스크 지도 2016

1.중앙역
2.예수 승천 정교회 대성당(주교좌)
3.레닌 광장
4.예술의 전당(오페라 대극장)
5.국립자연(향토)박물관
6.알렉산드로 넵스키 정교회 대성당
7.가톨릭 대성당(주교좌)

지도 9. 노보시비리스크 관광지도.

숙박 & 관광

중앙역을 나오면 버스, 지하철이 많다. 지하철 노선은 2개. 요금도 버스 19루블, 지하철 20루블로 착하고 유료 화장실도 20루블(약 350원) 한다. 중심가는 크지 않아서 걸어서 다 볼 수 있고 가톨릭 대성당도 지도 9의 ⑦번 위치에 있다. 호텔도 많고 저렴하여 선택의 폭이 넓다. 레닌 광장은 러시아 대부분의 도시에 있다. 중심지라고 보면 맞고 시간이 넉넉하면 레닌 광장에서 지하철을 타고 3정거장씩 남북으로 가서 내린 후 걷다가 돌아오는 것도 안전하고 재미를 느낄 수 있다. 중앙역에 철도 박물관이 있고 ①번과 ③번 사잇길로 가면 인형 극장과 구 소련(USSR) 시대의 골동품 박물관을 둘러볼 수 있다. 예술에 관심이 있는 여행자라면 ④번 오페라와 발레 대극

유라시아 철도여행
발트 3국 버스여행

장에 관심을 가져 볼 만하다. 러시아 최대 규모의 주립 극장이다. 입장료는 외국인은 특석을 권하는데 2,000루블(약 3만 8천원) 정도인데 러시아 국민은 가난해도 예술 공연 관람에 열정이 많아서 늘 붐빈다.

우주의 날 기념 첫 우주선 축제

주립 향토 박물관

✔ 어학 팁(7)

▶ 생존 러시아어 회화의 필요성

우리는 제3부 1항에서 러시아어 알파비트에 대하여 살펴보았다. 러시아에 가서 거리 간판이나 지하철 이름이라도 읽을 수 있고 간단한 회화를 할 수 있다면 여행이 한결 풍요로워진다. 이제부터 간판 읽기와 생존(Survival) 회화에 들어간다. 기초 문법이나 문장은 다 생략하고 여행자에겐 당장 긴요하게 써먹을 표현이 필요하다. 당장 역이나 열차 내에서, 호텔이나 거리에서 활용할 회화를 위한 코너이다. 스마트폰 앱에서 자동 번역기나 포켓 회화책이 있어도 최소한 러시아어 알파비트와 용법을 알아야 활용이 쉽다. 간결한 회화의 기본은 급할 때 조건반사적으로 튀어 나오도록 암기해야 한다.

오늘의 회화-기본 인사말

- 안녕하세요?: Здраствуйте(즈드라-쓰브이 째?) 기본 인사말이다. 좀 길고 복잡해도 외워야 한다. 끝에 те(째)는 존칭이다. 동년배나 어린아이들에겐 그냥 즈드라스 브이~ 하면 된다. 러시아어에서 те는 때가 아니고 째이다.

- 안녕?: Привет(쁘리 벳) 위 "즈드라스 브이 째"는 공식 대화체이고 열차나 숙소에서 러시아인을 만나면 가볍게 나누는 인사말이다. 상대방이 "쁘리벳" 하면 나도 "쁘리벳" 하면 된다. 물론 내가 먼저 "쁘리벳" 하면 좋다.

예카테린부르그(Yekaterinburg, Екатеринбург)

예카테린부르그(예까쩨린부르그) 역, 바그잘

상트 페테르부르크에 있는 예카테리나 궁전을 빼닮은 건축

✔️ **어학팁(8)▶**

BAK3AΛ(바끄잘, 역)이다. 모든 역에 공통적으로 붙은 간판이고 참 많이 쓰인다. 역 위치를 물을 때는 "ГДe BAK3AΛ?, 그제 바끄잘? 하면 "역이 어디에 있습니까?"가 된다. 버스터미널은 "ABTO BAK3AΛ?"이다. 따라서 "그제 압또 바끄잘?" 하면 된다.

"예카테린"은 '성녀 카타리나'의 러시아식 이름으로, 독일 출신 공주가 표트르 3세와 결혼하면서 루터교에서 개종 시 택한 정교회 세례명이다. 훗날 무능한 남편을 축출하고 여제가 되어 러시아를 강력 통치한 예카테리나 2세(1762-1796 재위)의 이름을 딴 도시이다. 인구 약 145만 명으로 러시아 제 4위의 대도시이다. 우랄 지역의 공업도시로 중공업, 군수 공업이 발달했는데 역시 1991년 전까지는 보안상 이유로 외국인 출입 금지 도시였다. 예카테리나는 지정학적으로 우랄 산맥을 지남으로써 유럽 땅에 들어서게 된다. 파리를 모방한 듯 도시 계획이 되어 있지만 안타깝게도 인프라가 뒤따르지 못하여 노보시비리스크처럼 비가 오면 온통 진흙탕 길이고 햇볕이 나면 먼지 투성이가 된다. 그래도 오페라 극장과 음악당이 여러 곳 있다.

예카테린부르그는 정치적으로 특필할 건수가 많은 도시이다. 무엇보다도 제정 러시아의 마지막 황제(짜르)인 니콜라이 2세와 그 가족(아내와 10대 소년, 소녀들) 6명이 볼쉐비키에 의하여 여기로 강제 유배되었다가 백군이 구출하러 온다는 소식을 듣고 서둘러 총살하고 불태워 버렸다. 이로써 300년 이상 지속된 로마노프 왕조가 막을 내렸다. 1918년의 일이다. 아이러니한 것은 니콜라이 2세가 황태자 시절에 시베리아 횡단 철도 공사 책임자로 임명되어 의욕적으로 완공한 장본인이다. 영화 〈아나스타샤〉는 니콜라이 2세의 막내공주였는데 기적적으로 살아있다는 픽션 때문에 벌어진 해프닝을 소재로 한 것이다. 러시아정교회는 이 분들을 순교자 성인으로 추대하였고 러시아 정부(대법원)도 복권 조치했다.

러시아 개혁 개방에 공헌한 보리스 옐친의 묘는 모스크바 노보테비치 수도원 묘지에 있다. 삼색기로 장식했다.

✔️ 어학팁(9)▶ 헤어질 때 인사

안녕히 계세요, 또 봐요: До Свидания(다 스비다-니아) 문자대로 읽으면 두 단어로 "도, 스비다니야"인데 실제로는 붙여서 읽고 발음 규칙에 따라 "다스비다-니아"로 발음한다. 아주 많이 쓰는 표현이다. 감사합니다라는 뜻도 있다.

숙박과 관광

예카테린부르그도 중심부와 올드타운은 걸어서 구경할 수 있는 규모이다. 지하철은 단 1개 노선이고 시청이 보이는 대로를 따라가면 러시아정교회 대성당이 좌우 양쪽에 보이고 오른쪽 호숫가를 걸으면 적당한 산책이 된다. 호텔 숙박료도 싼 편이다. 매월 4월 12일은 우주의 날(1961년 유리 가가린이 첫 우주 비행한 날)이어서 큰 축제가 호숫가에서 이뤄진다.

4월 12일은 러시아 우주의 날이다.

2016년 4월 12일 우주의 날 축제의 모습

지도 10에서 ①번 중앙역에서 나와 북쪽 큰길로 나오면 파리 같은 건물들이 즐비하고 중앙을 가로막듯 우뚝 솟은 시청 건물이 보인다. 왼쪽을 보면 아름다운 건축물이 보이는데 옛 귀족 저택이지만 현재는 어린이집으로 쓴다. 그 위에 러시아정교회 삼위일체 성당이 있고 아래쪽에 더 큰 성당이 있다. 바로 지역 대주교 주교좌 대성당과 신학교이다. ②번 지점이 바로 교회 단지인데 이곳은 개론에서 언급한 로마노프 마지막 황제인 니콜라이 2세와 그 가족이 무참히 살해된 곳이기도 하다. ④번이 오페라 극장이고 이 근처가 젊은

이들이 많이 모이는 곳이다. 쇼핑, 식당, 대학교 등이 몰려 있다.

⑤번 지역이 정교회 삼위일체 대성당과 금융 복합지역으로 무역회관이 있다. ⑥번 쪽으로 나오면 놓치지 말아야 할 알렉산드로 넵스키 수도원이 있다. 한때는 약 100명의 수녀들이 수도하던 곳으로 신, 구 대성당이 2개 있는데 참 아름답다. 성당 정문을 나오면 ⑦번 우랄 대학교이다. 한국처럼 거창한 캠퍼스와 대문이 있는 것이 아니고 빌딩 건물에 간판이 걸려있고 대학생들이 많이 보인다. 혹시 시간 여유가 있으면 중앙역 옆에 철도 박물관을 둘러 봐도 좋다. 유료(120루블)지만 옛 철도 장비 구경도 할 수 있고 화장실도 이용할 수 있다. 역 앞에 식품 마트도 있다.

관광지도

지도 10. 예카테린부르그 관광지도

유라시아 철도여행
발트 3국 버스여행

❶ 정교회 대주교좌 대성당.
❷ 무지크(음악당)
❸ 시청
❹ 알렉산드로 넵스키 수도원(수녀원)

카잔(Kazan, Казань)

궁전 같은 카잔 역

카잔 크렘린 궁

카잔이라는 도시명은 타타르어로 요리용 주전자(Cooking Pot)라는 뜻을 가지고 있다. 모스크바로부터 약 800㎞ 떨어진 동일 시간의 인접 도시이다. 카잔은 흔히 카자흐스탄의 수도로 오해하기 쉽다. 카잔은 현재 러시아의 타타르 자치공화국의 수도로 인구 약 120만 명의 큰 도시이다. 러시아 중앙 정부와 협의를 잘해서 공공 업무(세금) 등 업무도 이관받아 석유 채굴로 나오는 돈이 많아서인지 사회 간접 투자가 잘 되어 있다. 거리가 깨끗하고 건물들도 밝은 색이라 블라디보스토크에서부터 오면서 본 러시아의 도시들과는 판이한 환경이다. 예로부터 "볼가 강의 이스탄불"이라고 했고 모스크바보다도 150년이나 역사가 더 길다. 무엇보다 미인이 많다.

타타르족은 아시아 몽골계이고 일부 튀르크(터키)계가 섞였는데 뉴스에 보듯이 크리미아 반도, 우즈베키스탄 인종갈등 등 복잡한

어학 팁 (10)▶

명사 읽기-이제 알파비트를 이해했으므로 주요 단어를 소리내어 읽어본다.

АВТОбус/МосквА/АПТека/Магазин/Метро/Остановка/Площадь/Театр/Университет/Красная Прощадь/Кремль/МГУ/Музеи/Касса/билет/Кофе.

압또-부스/마스끄봐/압쩨-까/마가진-/미뜨로-/아스따노-브까/쁠로-샤지/떼아-뜨르/우니베르시째-뜨/끄라스나야 쁠로-샤지/끄렘리/엠게우/무-제이/까-싸/빌레-뜨/코페-.(해석은 어학팁 11 참고)

인종문제를 안고 있다. 타타르족 약 700만 명 중 절반 정도가 타타르 자치공화국에 있다. 인종이나 언어, 종교도 다양하여 러시아어, 타타르어가 혼용되고 러시아정교회와 이슬람이 공존한다. 더 나아가 가톨릭 성당도 있고 개신교 루터교도 있다. 카잔은 이렇게 다양한 민족과 언어 그리고 종교를 포용함으로써 더욱 발전하는 듯하다. 중심가는 어디서든지 교회 종루와 뾰족탑들이 보인다.

카잔은 공업, 상업 도시이면서 스포츠도 활발하다. 2013년에 하계 유니버시아가 열려서 한국도 출전했고 2018년에는 월드컵 축구를 유치했다. 카잔 시민들은 대한민국에 대하여 유행으로서의 한류 이상의 호감을 가지고 있다. 88올림픽과 일류 전자제품 및 자동차에 대한 신뢰가 높아졌기 때문이다. '우라! 유즈 까레이!'

카잔 중심가 르네상스 양식의 화려한 성당(러시아정교회) 벨 타워와 루터교회

숙박 & 관광

우선 숙소에서 지도(까르따 고라다)를 받아 역과 숙소 위치를 표시해 놓고 생수와 귀중품을 간직하고 관광에 나선다. 카잔 시는 모스크바에서 그리 멀지 않고 여러 종교가 공존하며 크렘린이라는 옛 궁전 타운이 보존되어 있어서 관광객이 많다. 중저가 호텔도 많아서 별 어려움이 없다. 지하철과 버스도 저렴(20루블)하고 편리하지만 강북 지역을 가는 것이 아니라면 걷기(Walking Tour)로도 가능하다. 관광 명소는 단연 크렘린 궁전(성채) 지역이고 젊은이들이 많이 모이는 곳은 정교회 벨 타워 거리이다.

관광지도

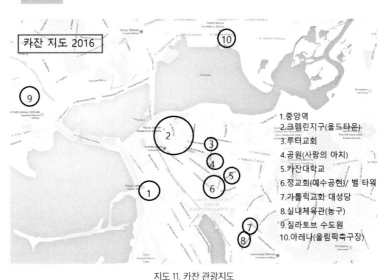

지도 11. 카잔 관광지도

지도 11의 ①번 카잔 중앙역을 기점으로 삼는다. 바로 앞(동쪽)으로 두 블록 나오면 왼쪽으로 ②번 흰색의 크렘린이 보이기 시작한

시베리아 횡단 열차 타고 러시아 여행

다. 강쪽으로 올라가면서 좌우로 파리 못지않은 거리를 구경한다. 사진 찍기에 바쁠 것이다. ②번 크렘린 지역은 여러 정교회, 모스크, 궁전, 박물관 등이 한 지역에 모여있는 단지(Complex)이다. 게다가 무료 입장이다. 박물관만은 유료이다. ②번 클렘린 지역을 돌아보는 데만도 2시간은 잡아야 한다. ④번은 호수와 공원이 합쳐진 휴식 공간이다. 이 공원의 아치는 '사랑의 아치'라 이름 지었는데 연인들이 여기서 사랑의 표시도 하고 사진도 찍는다. ⑤번 카잔대학교(1804년 설립. 문호 톨스토이가 수학, 볼쉐비키 레닌 법과 졸업) 앞을 지나 오른쪽 내리막길로 들어서면 ⑥번 아르바트 거리가 나오고 아름다운 고딕, 르네상스 양식 교회 탑이 보인다. 희한하게도 러시아정교회 건물이다. 타타르인들이 로마풍 건물을 지은 듯하다. 지금은 성물 판매소와 전망대로 이용한다. 조금 더 내려오면 교차로에 우리에게 익숙한 맥도널드나 KFC 같은 식당이 여럿 있다. 화장실과 Wifi 이용에 편리하다. 좀더 적극적인 관광과 현지 답사를 원한다면 중심가에서 전철을 타거나 역 앞에서 버스를 타고 강 북쪽으로 올라간다. 제방과 다리를 건너면 왼쪽에 '질란투브 수도원'이 있고 다시 버스를 타고 오른쪽으로 약 5㎞ 정도 가면 아레나(Arena, 축구장)이 나온다. 2018년 월드컵 축구를 준비하는 모습을 견학할 수 있다.

여기서도 한국 자동차를 많이 볼 수 있다. 주차장에서 한국 자동차 3대가 연이어 나란히 있는 것을 보면 어깨에 힘이 들어간다. 대기업과 영업 사원들의 노고에 감사하는 마음이 든다. 혹시 열차 시간이 밝고 시간이 넉넉하면 영화를 한 편 보아도 좋다. 지도 11에서 ⑥번과 ⑦번 사이 대로(지하철 정거장)에 있는 쇼핑센터 내에 있다. 티켓은 극장 입구 자동판매기에서 구매하는데 최신 영화가 142루블(약 2,500원) 정도이다. 쇼핑센터에 식당, 커피숍 등이 다 있다. 식사도 약 300루블이면 되니 착한 가격이다. 우리나라가 높은 점포 임대료와 인건비 때문에 비싼 것이리라.

이슬람교 카잔 모스크. 낮에 쿠란을 낭송한다.

가톨릭 교회 카잔 대성당

135

호수 공원의 사랑의 아치   카잔 아레나(월드컵 축구장)

질란토브 수도원. 러시아정교회에서는 흔치 않은 수녀원이며 볼가강 지역에서 가장 오래 존속되었던 성모승천(우즈펜스키)수녀원이다. 질란토바 산에 순교자 무덤이 있었다. 1529년 러시아정교회 수도회가 설립되었고 한때 1574년 큰 박해가 있었다. 1823년 카잔 암브로시오 대주교가 수도원(성당) 축성식을 거행했다. 공산주의 치하에서 1928년 폐쇄되었다가 1988년부터 재건되기 시작했다. 수녀원은 아동 보육원과 병원을 운영했고 현재 10여 명의 수녀가 공동체를 이루고 있다. 주로 이콘(성화) 전문이며 수도원 순례자들을 안내하기도 한다. 매 토요일은 무고한 어린이 희생자들을 위한 위령 미사를 거행한다.

 어학팁 (11)▶

명사 읽기-(팁 10)에서 읽어 본 단어를 다시 읽어 보고, 뜻을 본다.
АВТОбус/Москва/АПТека/Магазин/Метро/Остановка/Площадь/Театр/Университет/Красная Прощадь/Кремль/МГУ/Музеи/Касса/билет/Кофе.

버스/모스크바/약국(한국과 달리 화장품이나 잡화도 판다)/가게/정거장(버스, 지하철)/광장/극장/대학교/붉은 광장(모스크바에 있는)/끄렘리(궁전)/엠게우(모스크바 국립대학교의 약자)/박물관/매표소(카운터)/입장권, 티켓/커피

니즈니노브고라드 (Nizhny Novgorod, Нижний Новгород) ─────

니즈니노브고라드 역은 명칭도 독특하다. 위 간판은 다른 역과 달리 '철도의 역'이다.

볼가 강과 오카 강이 만나는 무역, 조선항으로 발달한 도시이다. 강변 경치는 서울 한강과 비슷하다. 멀리 알렉산드르 넵스키 대성당이 보인다.

✔ 팁(12) ▶ 간판 읽기

Макдоналдс/Кофе Хаус/Монастырь/Собор/Храм/Церковь

막도날드스(햄버거)/코페하우스(커피숍)/모나스띄리(수도원)/싸-보르(대성당)/
흐람(성당,사원)/째-르같(작은 교회)

"니즈니노브고라드"는 도시 명칭부터 흥미를 유발한다. 러시아 어에서 "니즈니"는 낮은, 아래의 뜻이고 "노브"는 새로운, 그리고 "고라드"는 도시를 말한다. 그러니까 "낮은 새 도시"란 뜻이 된다. 지형적으로 볼가 강과 오카 강이 만나는 하류라서 무역이 발달 했고 자연히 경제력이 뛰어났다. 그래서 러시아에서는 "상트 페테르부르크는 머리이고, 모스크바는 심장이며 니즈니(약칭)는 돈 지갑이다"라는 말이 돌 정도로 경기가 좋았다. 모스크바가 가깝고 니즈니노브고라드 주의 주도(수도, 인구 약 120만 명)이다. 거리는 사회 간접 자본이 오래 투자되지 않아 우리나라의 시골길 같다. 고물 전차(트람바이)와 버스들이 용케 굴러다니고 두 개 있는 백화점이라야 중저가 중국산이 주종이다. 버스와 전차 요금이 모두 20 루블로 같고 20~27루블이다. 역 앞 맥도널드나 KFC 또는 버거킹(6унг)에 가는 것이 좋다.

숙박 & 관광

문호 막심 고리키의 고향이고 군수 공장이 있어서 1991년까지는 외국인 출입 금지 도시였던 것은 우랄 지역 도시들의 공통점이다. 니즈니는 ①번 역에서 볼 때 오카 강 건너 크렘린 지역 외에는 볼 만한 유적이 적다. 따라서 열차 시간을 보아 6시간 정도 여유를 낼 수 있으면 무박 주간 관광도 가능하다. 역 지하실 쪽에 짐 보관소가 있다(150루블). 도심에서 강 건너 크렘린 언덕에 볼거리가 많다. 성당과 아름다운 계단이 카메라를 바쁘게 한다. 강남(역) 쪽에는 백화점을 지나 약 2㎞ 정도 가다가 오른쪽으로 더 가면 어린이 놀이공원이 있다. 어른도 박물관에 가보는 셈 치고 가면 간식 거리도 팔고 축제의 기분을 느낄 수 있다. 역에서 크렘린 가는 길은 좀 멀다.

걷기 좋아하는 여행자는 메트로 브릿지를 건너서 왼쪽으로 내려가면 강변 산책을 할 수 있다. 주인 없는 개를 조심해야 하고 ③번 오른쪽으로 러시아정교회 돔이 눈에 들어온다. 화려하고 규모가 큰데 신학교와 수도원이 함께 있는 단지이다. 언덕을 올라가지만, 발품을 팔아 관람하는 것도 좋다. 다시 내려와서 ④번 단지에 이르면 정말로 아름다운 정교회 성당과 거대한 성채가 있다. 성채 앞까지 버스를 타고 올라가서 걸어 내려오면서 관광하는 것이 편리하다. 성채 성벽 중에 중앙에 있는 ⑤번 종루는 드미트리 탑이라고 하는 유명한 사연이 있는 곳이니 눈여겨볼 필요가 있다. 드미트리 앞 광장이 대학교와 서점, 식당 등 상가들이 많이 몰려있는 요지이다. 전몰자들을 추모하는 꺼지지 않는 불과 초병이 있고 전투기, 탱크, 잠수함, 야포 등 전쟁 장비를 노천에 전시해 두어서 어린이들이 좋아한다. 이렇게 상무정신을 드높이는 나라가 강국이 된다. 아래 도로까지 다 내려와서는 ⑥번 다리를 걸어서 건너보는 것도 좋다.

지붕 돔이 검정색인 정교회와 공장들이 있고 다리를 건너 왼쪽으로 역을 향해 가면서 옛 종합시장이었던 건물 외관을 감상하면 좋다. 마치 궁전이나 박물관 같다. 크렘린 가는 길목에 대단히 아름다운 정교회 성당 종탑이 눈길을 끈다. 성당 이름을 번역하면 "지극히 거룩하신 성모님 탄생 기념 성당"인데 예술적으로 최고의 수준이라고 볼 수 있다.

관광지도

지도 12. 니즈니노브고라드 관광지도.

지도 12번의 ①번 역에서 시작하여 ②번 매트로 브릿지를 건너 강변을 따라 걸으면 좋다. 매트로 다리는 보행로가 좁고 통행자가 없어서 한적하다. 시간이 없으면 ①번 역에서 바로 ⑥번 카날비스

키 다리를 건너 크렘린으로 가도 된다. 크렘린 입구 마을은 동화에 나오는 마을처럼 아름답다. 정교회 대성당도 있다. ③번 언덕 수도 원 성당과 신학교를 보고 ④번 방향으로 가다 보면 예술품 같은 성 당이 나온다. 꼭 둘러보고 크렘린 지구를 다 돌아본 후 ⑤번 드미 트리 종루로 나와서 버스를 타고 중앙역으로 돌아온다.

✔️ 팁(13)▶한국, 한국인을 표현하는 단어

Кореи/Кореец,Кореянка/Корейсий/южная Корея

까레이(대한민국)/까레이즈(한국남자),까레얀까(한국여자)/까레이예스키(한국 의)/유쥐나야 까레이야(남쪽 대한민국=남한). 흔히 한국인을 까레이스키라고 하는 사람이 있는데 적당히(?) 틀린 말이다. 러시아는 Россия(러시야), 러시 아인은 Русский(루스키~), 중국은 КИтай(끼따이), 중국인은 Китаец(끼따이 쯔), 일본은 Япония(이쁘냐), 일본인은 Японский(이쁜스끼이)이다. 나는 한 국인입니다, 할 때 반드시 "야 까레이즈(까레이얀까)" 해야 하며 공항이나 거 리 검문 시 "나는 남한에서 온 사람입니다" 할 때는 좀 길어도 "야 이즈 유쥐 나야 까레이야" 하면 대개 무사통과이다.

왼쪽부터 정교회 성모탄신 기념 본당, 시 상징탑, 크렘린 드미트리 종루

141

니즈니 알렉산데르 넵스키 대성당(싸보르)

정교회 세르게이 성당, 수도원, 신학교

니즈니 어린이 공원, 놀이터와 먹거리

크렘린 궁은 실물 무기 전시장을 겸한다.

✔️ 어학 팁(14) ▶ 목각 인형

Матрёшка(마뜨료쉬까)는 러시아뿐만 아니라 슬라브 민족의 전통 목각이다. 지방어로 '아줌마'란 뜻인데 고급품일수록 안에 여러 개가 들어있다. 보통 5개이고 지하도 기념품(Сувенир, 수브니-르)점이 저렴하다.

유라시아 철도여행
  발트 3국 버스여행

러시아의 서유럽

골든 링(황금 링) 지역 ────────

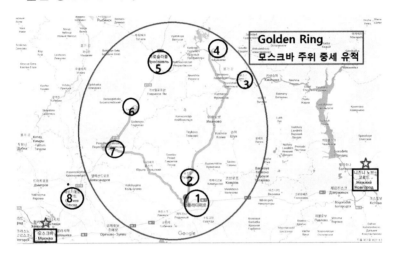

니즈니노브고라드 에서 모스크바까지 가는 중간에 황금 링(Golden Ring)이라는 지대가 있다. 이 지대는 러시아 역사상 크고 작은 전쟁과 재해 속에서도 글자 그대로 용케 피해를 면해서 12세기 이후 지어진 목조와 석조 건축물이 온전히 보존된 올드 타운들이다. 가장 아래에 위치한 ①블라디미르를 기점으로 하여 반시게 방향으로 도시(마을)를 찍어서 이어보면 ②수즈달, ③플리오스, ④코스트루마, ⑤야로슬로브, ⑥가제트 로스로브 벨리키, ⑦페레슬라브 젤레스키와 ⑧세르기에프 포사드를 잇는 ○ 원형 작도가 그려진다. 이를 골든 링이라고 한다. 모스크바에서 그리 멀지 않고 타임 머신을

143

타고 과거로 돌아가듯 옛 러시아정교회(성당)와 잘 보존된 목재 마을을 보노라면 인간미가 느껴진다. 이런 인류 유산을 보존한 사람들에게 고마움을 갖게 된다. 특히 블라디미르와 수즈달 및 야로슬라비는 3대 핵심 도시이다. 이 중에서도 시간 제약상 단 하나만 보라고 한다면 단연 ②수즈달(Suzdal ,Суздаль)이다.

블라디미르(Vladimir, Владимир)

블라디미르 역은 실용성 위주로 지었다. 광장 맞은편에 버스 터미널(수즈달 행)이 함께 있어서 매우 편리하다.

러시아정교회 성모 승천 대성당. 12세기 건축.

블라디미르는 공국 수도였고 잘 보존된 인구 약 35만 명의 중형 도시이다. 어느 나라든 교통 중심지는 중앙역이고 이 역을 기준으로 발달하는데 블라디미르는 중앙역과 버스터미널이 중심가에서 오른쪽으로 치우쳐 있다. 따라서 여행자들은 다소 불편함을 겪는다. 발샤야 모스크바야스카야(큰 모스크바) 대로를 따라 왼쪽으로 명물인 대 성당들이 있고 골든 게이트에서 번화가는 끝난다.

블라디미르라는 명사는 러시아인들이 좋아하는 성씨(姓氏)이기도 하다. 1919년 러시아 로마노프 제국을 무너뜨리고 공산주의 혁명을 이뤄 낸 레닌도 정식 이름이 블라디미르 일리치 레닌(Vladimir ilich Lenin, 1870-1924)이고 2016년 현재 짜르(황제) 못지 않는 권력을 거머쥔 대통령도 블라디미르 푸친(Vladimir Putin, 1952~)이다.

숙박 & 관광

지도 14. 블라디미르 관광지도. 위 수도원, 대성당들은 모두 러시아정교회이다. ①번부터 ⑦번까지 약 2 km이다. ⑥번은 성모승천 대성당이다. 날씨가 좋고 짐이 가벼우면 걸어가도 좋다. 중간에 맥도널드 식당도 있다. 양 화살표 방향은 모스크바 대로이다. 왼쪽에 유적이 몰려 있다.

유라시아 철도여행
발트 3국 버스여행

블라디미르는 골든 링의 출발점이지만 수즈달에 비해 볼거리는 적다. 모스크바가 멀지 않아서 당일치기로 다니는 여행자도 많고 저렴한 숙소는 택시를 타야 갈 수 있어서 숙박 여건이 좋지는 않다.

골든 게이트. 13세기에 건립된 방어용 성채 타워. 현재 성벽은 철거되고 타워만 남아 군사박물관으로 쓴다.

147

골든 게이트 박물관. 1916년 건립, 정교회 수도원
'동정 성모 탄생 기념성당'이었다.

정교회 성모 승천 대성당 앞 광장 공원. 관광객들이
많이 모이는 곳이다.

✔ 어학 팁(15) ▶ 인칭, 소유 대명사

나, 나의. 나의 (~명사) : Я(야)/ Мои(모이)/ -Мои Папа(모이 빠빠=나의 아버지)

(명사에 남, 여, 중성 3가지 있다)   -Моя Мама(마야 마마=나의 어머니)

                                    -Маё фото(마요 포따=나의 사진)

우리들, 우리들의(~명사) : Мы(므이)/Наш(나쉬)/Наша(나샤)/Наше(나쉐).

너, 당신: Ты(띄이), Вы(브이,Ты의 경칭 또는 복수(너희들)로 많이 쓰임). Твои, Ваш

그, 그 남자의 : Он(온), его(이보, 3인칭은 변화 없음)/ 이보 고라드(그의 고향)

그녀, 그 여자의 : Она(아나). её(이요, 상동)/아나 마쉬나(그녀의 자동차)

그들, 그들의 : Они(아니), их(이흐, 상동)/이흐 아끄노~(그들의 창문들)

수즈달(Suzdal, Суздаль) ─────────────

목조 마을촌. 물이 풍부한 마을이다.

수즈달은 크렘린이 중심이다. 성모 승천 대성당, 사무실, 학교, 숙소 등 궁전이다.

수즈달은 블라디미르에서 약 36㎞ 북쪽에 위치한 작은 옛 궁터로 한국의 안동 하회마을 같은 곳이다. 작은 시골 마을인데 시냇물이 흐르고 크렘린이라고 하는 왕궁과 부속 성당, 부속 학교 그리고 주위에 목조 마을이 산재되어 있다. 12세기에 지었으니까 규모는 작아도 모스크바 크렘린보다 원조격이다. 목재 건축은 특성상 비바람을 오래 맞으면 검은색으로 바뀐다. 그래서 건축 연도를 예측해 보면 대략 1750년대 전후에 지은 것들이다. 이 시기는 서유럽에서는 르네상스와 바로크 시대를 지나 낭만주의 사상이 모든 분야에 주입될 시기인데. 둘러보면 적어도 한두 세기 늦은 문명 생활을 했었다. 건축 양식이나 밧줄 없이 나무로만 만든 그네라든가 방앗간 설비를 보면 그렇다. 눈이 많이 오는 지방이라 눈 신발도 시선을 끈다. 무엇보다도 화재에 취약할 수밖에 없는 목조 마을이 250년 이상 유지되어 오는 것이 기적이다.

숙박 & 관광

수즈달에도 호텔이 있지만 숙박하는 외국인은 드물다. 블라디미르나 모스크바로 가기 때문이다. 블라디미르에서 수즈달 행 버스는 중앙역 광장 맞은편에 있다. 빠르면 5분 늦으면 30분 간격으로 버스가 있어서 예매할 필요는 없다. 요금 85루블(2016년 기준)인데 수즈달 터미널에 도착하여 내리면 안된다. 수즈달 외곽 버스터미널이므로 주민 몇 사람만 내린다. 계속 앉아 있으면 수즈달 민속촌까지 가는 요금 16~20루블을 더 받는데 약 2㎞(5분) 정도 더 가서 마을 입구 성당 앞 광장까지 간다. 모두 1시간 정도 걸린다. 수즈달 크렘린 입구에 도착하면 우선 감탄사를 여러 번 하게 된다. 입이 벌어질 정도이다. 다만 곳곳에 입장료를 받는다. 크렘린 안에 있는 역사 박물관 250 루블, 성화 박물관 100루블, 목조 마을 250루블 등 예상외 지출이 늘어난다. 여기에 화장실 20루블과 레스토랑 식사와 바르에서 커피 한 잔(70루블)과 버스 요금 등을 모두 고려하면 비용 1,500루블이 훌쩍 넘어간다. 수즈달은 크지 않다. 걸어서 약 4시간이면 본다. 기념이 되는 특산물로 보드카(술)와 꿀이 있다.

수즈달은 지도가 없어도 혼자 다 볼 수 있다. 규모가 작고 여러 관광객들이 가는 곳을 따라가도 된다. 작은 마을에 성 유스티노 수도원 등 5개, 성모 탄신 대성당 및 대주교관과 예수 부활 성당 등 크고 작은 대성당과 본당 등 정교회가 20여 곳 있다. 대부분은 폐쇄되어 박물관으로 쓰인다. 기념품 가게와 노점에서 파는 인형이나 작은 도자기도 많다. 배낭 여행자는 사고 싶어도 못 사는 애로가 있다.

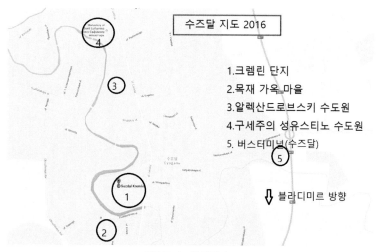

지도 15. 수즈달 관광지도

수즈달에 도착하면 크렘린 약도가 친절하게 게시되어 있다.

크렘린 출구에서 마을 방향. 공원으로 길이 나 있다.

목조 정교회 성당

예수부활 성당 앞 광장과 상가 아케이드

모스크바(Moscow, MOCKBa)

성 바실리 성당(현 박물관)

모스크바 강 피터 대제상

성 바실 성당에서 본 크렘린 광장. 1495년. 오른쪽이 굼 백화점, 왼쪽은 레닌 묘가 있다.

황제 대포. 한 번도 발사한 적은 없다.

모스크바는 구 소련 시대에 동서 양분하던 공산 진영의 수도이고 국제 공산당을 조직하고 지구를 공산주의로 만들자던 총 본산이다. 춥고 음산한 도시라는 선입감을 떨쳐버린 것은 1991년 고르바초프에 의한 개혁 개방 정책 이후이다. 우리나라와 가까워진 것은 서울 88올림픽 때부터이다. 그 당시 소련 정부는 88올림픽을 기하여 대외 이미지를 좋게 바꾸고 문명사회라는 것을 홍보하기 위하여 엄청 노력했다. 보도된 바는 없지만 무소불능의 막강한 정보기관(KGB)까지 나서서 선수들과 임원들은 물론 응원차 한국을 방문하는 관광객들에게 거의 세뇌에 가까운 매너 교육과 주의를 당부하여 성공적인 올림픽 참가를 이루는 데 기여했다. 그 후 대한민국과 러시아는 상호 비자면제 협정을 체결하여 유학이나 상용이 아닌 일반(관광)여권은 비자 없이 60일 이내에서 자유로운 여행이 가능(2014.1.1.)해졌다. 이로써 러시아 여행은 도약기를 맞이하게 되었다.

모스크바는 가히 국제 도시(Cosmopolitan)이다. 인구 1,200만 명이 넘고 러시아 철도의 중심점이 된다. 구 소비에트 연방 시대에는 소련인들도 거주 이전의 자유가 없었기 때문에 모스크바를 한 번이라도 가 본 사람은 부러움을 샀다. 최근에는 경제적 여유가 생긴 신흥국(특히 중국인)들의 단체 여행이 급증하여 모스크바, 상트 페테르부르크, 이르쿠츠크 등 도시는 몸살을 앓을 정도이다.

모스크바는 12세기 후반에야 틀을 갖춰 나가기 시작했다. 몽골(칭기즈칸)에게 정복당하기도 했고 19세기 프랑스 나폴레옹이나 20세기 독일 나치의 침략을 받아 위기에 처하기도 했지만 슬기롭게 지켜왔다. 더구나 초토 작전의 일환으로 후퇴시 대 화재를 내곤 해서 새로운 도시계획을 수립해 나갔기 때문에 유럽형 도시를 건설할 수 있었다. 모스크바에 도착하면 웅장한 도시 규모와 예술, 과학, 학문이 발달된 것에 놀란다. 또 하나, 영어 간판이 없고 온통 러시아 문자에 과연 이국에 왔구나 하는 것을 실감하게 된다. 그래도 곳곳에 SAMSUNG, LG, HYUNDAE, KIA 등 한국 대기업들의 로고를 보면 높아진 대한민국의 위상을 보는 듯하여 기분이 좋다.

모스크바 같은 대도시는 치안이 안전할까? 러시아는 치안이 안전한 편이다. 철도 여행에서 소개한 바와 같이 공권력이 살아있고 KGB출신 푸틴 대통령 엄명으로 조폭들을 대거 소탕했다. 다만 소수 극우 세력은 늘 있게 마련이다. 히틀러 생일 전후로 또는 민족적 감정이 있을 때 스킨헤드(빡빡머리)족들이 일탈 행위를 하지만 일반 여행자에게 해꼬지하는 수준은 아니다. 조심스러운 표현이기 하겠으나 어떤 사고든 부적절한 시간에, 부적절한 장소에서, 부적절한 언행을 했을 때 발생한다는 경험적 통계에 유념할 필요가 있다.

모스크바는 워낙 큰 도시이고 볼 것이 많으므로 미리 각자의 취향이나 볼 목표를 설정하는 것이 좋다. 모스크바에서 1주일 이상 체류한다면 이것저것 다 체험할 수 있지만 개인 여행자의 경우 3일 내외인 것을 감안하면 효과적인 투어 계획을 세워야 한다. 예를 들면 문화 예술에 관심이 많으면 볼쇼이 극장이나 아르바트 거리 그리고 강남 고리끼 공원 미술 전시장 같은 곳을 가 보아야 하고 군사 과학 분야에 관심이 많은 여행자는 우주 항공 박물관을 가 보아야 한다. 종교와 미술 그리고 교회음악에 관심이 있는 여행자는 러시아정교회 모스크바 총대주교좌 대성당과 성 바실리 성당을 가 보아야 한다. 러시아정교회의 건축, 미술(이콘), 무반주 합창 등 볼거리가 풍성하다. 모스크바의 핵심인 '크렘린과 붉은 광장'은 공통 필수이다.

스탈린 건축 양식

바르샤바

라트비아 리가

모스크바 외무부

모스크바에 가 보면 거대하고 웅장하며 비슷하기도 한 독특한 건축물을 몇 개 보게 된다. 사진에서와 같이 통칭 '스탈린 양식' 이라는 건축물이다. 모스크바 시내에 7개가 있다. 엠게우라고 하는 모스크바 국립대학교(지하철 Universitet 역)와 외무부(지하철 Smolenskaya 역)를 나오면 볼 수 있고 참새의 언덕에서 시내로 들어올 때도 대로에서 보인다. 이 건축물은 견고하고 크게 지어서 우선 중압감이 든다. 특징 중 하나는 꼭대기에는 시계탑과 공산당 마크를 달아놨다. 바르샤바와 민스크 등에는 스탈린이 해방 기념 선물이라고 한 채씩 지어 주었는데 지금도 종합 문화관으로 잘 쓴다. 과거 위성국들과 중국에서 많이 모방해 지었다. 사진은 모스크바국립대학교다. 높이 약 240m, 강의실 4천 개가 있고 1953년 건립되었다.

숙박

모스크바의 호텔은 비싸기로 정평이 나 있다. 사회주의 국가였기에 내국인과 외국인의 가격이 다르고 외화 대비 루블화 약세를 만회하기 위해 요금을 올리고 있다. 발쇼이 극장 옆 한국계 '롯데호텔'은 특급호텔이고 배낭 여행자들은 2성급 호텔이나 호스텔을 선호한다. 한인 민박은 상사 출장자나 주재원 위주이기 때문에 루블이 아닌 달러 표시 요금을 받는다. 조식도 별도로 10달러를 받는 등 유럽 지역 민박보다는 많이 비싼 편이다. 싱글(독방)은 미화 120~150달러 하고 공동 숙소도 70달러 선이다. 호텔, 호스텔은 여러 포털에서 검색하되 반드시 내·외부 사진이 있고 사용자 평가가 좋은 곳을 택해야 한다. 호스텔은 1,500루블 정도이다. 일부 호스텔은 방도 없이 다른 호스텔에 연결해주는 브로커로 영업하기도 하고 큰 아파트에서 불법 영업을 하기 때문에 간판조차 없어서 찾아가는 데 애로가 있다. 젊은 여행자들은 구글을 잘 활용하는데 러시아는 한국과 다른 인터넷 환경이라 거리에서는 원활하지 않으니 미리 지도를 확인해야 한다. 호스텔 요금이 너무 싼 곳은 피해야 한다. 외국 노동자들이 장기 투숙하는 호스텔인데 분위기가 좋지 않다. 유의할 팁으로 요금이 좀 비싸더라도 교통, 특히 지하철이 가까운 곳이 유리하다.

교통

시내에서 - 모스크바에서 택시를 타는 것은 현명하지 않다. 택시 미터가 없는 차가 대부분이고 미리 가격 협상을 하고 타되 내릴 때는 짐을 다 내려놓고 요금을 지불해야 안전하다. 러시아어에 익숙하지 않으면 외국인 승객은 "을" 입장이다. 시내에서 거의 대부분 지하철로 이동이 가능하고 실제로 배차 간격이 짧아서 기다리지 않는다. 2016년 현재 모스크바는 가장 비싼 도시로 1회권 카드가 50루블이다. 동일 카드에 3회용, 5회용으로 회수권 개념으로 주문해서 살 수 있다. 승차 횟수가 많은 표일수록 값이 싸진다. 모든 역에 자동 판매기도 있고 매표소(Kassa)도 있다. 버스는 노선 버스를 알면 편리한데 여행자가 노선표를 알기는 쉽지 않다. 지도 16의 지하철 노선도 참조.

공항에서 시내로 - 대부분의 한국인 입국 공항은 세레예보 공항이다. 모스크바 중심에서 볼 때 10시 방향인데 공항 열차(Express)가 편리하다. 공항-벨로루스 역(지도 ⑧번)까지 운행하며 약 45분 주행한다. 배차는 30분~1시간 간격이고 요금은 2016년 기준 400루블이다. 벨로루스 역에서 밖으로 별도 건물(출입)로 가서 지하철을 탄다.

철도역에서 -모스크바로 들어오는 철도는 여러 갈래이다. 발트 3국, 헬싱키, 민스크 등…. 이 중 유명한 시베리아 횡단 철도의 경우, 도심 쿠르스카야 역으로 들어온다. 바로 시내 중심이고 지하철역이다. 택시는 피하는 것이 좋다. 마피아가 관리(?)한다.

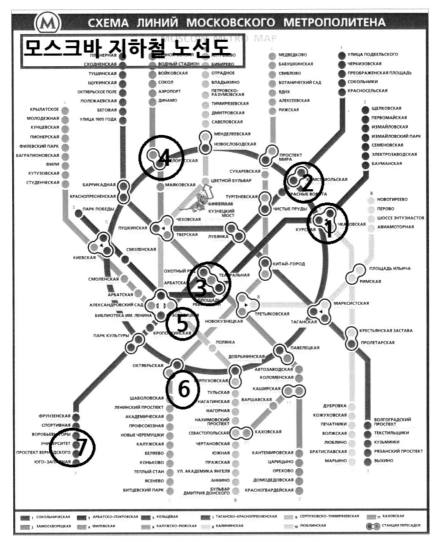

지도 16. 모스크바 지하철 노선도와 명소(관광지도 참조).

시베리아 횡단 열차 타고 러시아 여행

모스크바 지하철 노선 전체 - 3번 역 타운이 중심지 '크렘린과 붉은 광장'이 있는 곳이다. 3개 노선이 겹치는 환승역이라서 색깔별로 세 개가 모여 있다. 딱히 어느 역에 내려야 바로 가는가 하는 염려는 안 해도 된다. 로데오 거리(1980년대 러시아 젊은이들의 우상이었던 가수 빅토르 초이, 고려인 3세 추모 벽화가 있다. 2016년에 그의 기념비석을 세우기로 확정되었다는 보도가 나왔다.)라고 할 수 있는 아르바츠카야 역에서 내려 구경하면서 알렉산드로스카야 사드 역 쪽으로 가도 되고 더 멀리는 외무부(스탈린 양식 대형 건물) 스몰레스카야 역에서부터 가도 좋다. 추천하기는 아르바츠카야 역에서 내려 젊음의 거리를 즐기고 알렉산드로브스카야 역 쪽으로 가면 크렘린 궁이 나오고 매표소가 보인다. 매표소와 입장 출입구는 다르니 유의하자. 얼핏 보기에 비슷비슷한 정교회 성당이 많으나 모두 의미가 있으므로 가이드 북이나 안내서(특히 Yandex metro app. 지하철 요금은 50루블)를 참고하는 것이 좋다. 궁에서는 황제의 포, 황제의 깨진 종 등이 사진 찍기에도 좋다. 국립역사박물관 ㉑쪽으로 나갔다가 광장을 보고 붉은 광장으로 가면 영화나 그림에서 본 아름다운 광경이 펼쳐진다. 성 바실리 성당(현재는 유로 박물관)과 레닌 묘, 굼 백화점이 병풍처럼 사방을 막고 있고 사계절 관광객이 끊이지 않는다. 겨울은 추워도 설경이 멋지다. 크렘린 궁 부근 노점상은 비싸므로 지하도 기념품점을 돌아보는 것도 좋다. 물건 값을 깎지는 않는다.

시베리아 열차에서 시내로- ①번은 시베리아 횡단 열차가 들어오는 쿠르스카야 역이다. 지하철과 국내선이 역사는 달라도 연결되어 있어서 매우 혼잡하다. St.Peterburg행 열차는 이 역이 아니고 지하철 콤소몰스카야 역(②번)에서 출발한다. ②번 상트 페테르부르크 행 열차 터미널이다. 역사(驛舍) 이름 간판은 옛날 명칭인 레닌그라드 바그잘(역)이라고 되어 있고 열차표에는 명칭이 바뀌어 오티아브랴스카이아 역(OTIABRSKAIA)으로 되어 있으므로 유의해야 한다. 좀 혼란스럽지만 서울에 서울역, 영등포역, 용산역, 청량리역 등 여러 개 있는 것과 같은 맥락이라고 보면 된다.

④번 공항 특급 열차의 종점(출발점)이 있는 벨로루스카야 역이다. 매 30분 정도의 배차 간격이다. ⑤는 러시아정교회 '모스크바 총대주교좌 구세주 그리스도 대성당'이 가까운 역이 있다. 명칭이 길지만 1억 5천만 명의 러시아정교회 총 본부 역할을 하는 대성당이다. 스탈린 시대에 성당을 파괴하고 연못을 만들어 버리는 악행을 했다. 스탈린 자신이 한때 정교회 신학생이었다. 이 대성당은 그래서 개혁, 개방 이후 재 건축을 계획하여 2000년에 완공되었다. 모스크바 강가에 있어서 유람선에서도 잘 보인다. ⑥번은 강(다리) 건너 고리키 공원이다. 다리에 지붕이 있어서 겨울에도 따뜻하다. 러시아답다. 공원에는 화가들의 작품 전시장도 있다. ⑦번은 지하철역 3개를 통합하여 동그라미를 그렸다. 지하철 1번선(빨간색)을 타고 우니베르스테트 역에 내리면 모스크바 국립대학교 앞이고 다음 스포르트브나야 역에 내려서 오른쪽으로 조금 가면 유명한 노보데비치 수도원이 있다. 귀족 상대 수녀원이고 옆에 묘지가 있다. 사실상 국립묘지 역할을 한다. 엘친 대통령이나 왕족, 예술가 등 저명 인사들의 묘지인데 무척 아름다운 조각 공원 같다. 더 아래 유고 자빠드 역으로 모스크바 한인 성당이 가까운데 최근(2015년) 지하철이 연장

되어 신설 역 루먄쩨버(Румянцево) 역이 더 가깝다. 모스크바 지하
철은 1935년도에 건설된 스탈린 시대 작품이다. 역마다 예술적 감
각이 뛰어나서 좋은 관광자원이다. 특히 3번 타운 위 마야콥스카
야 역이 유명하다.

지도 17. 모스크바 붉은 광장 및 크렘린 궁

'크렘린 궁과 붉은 광장'은 별개이다. 왜 붉은 광장인가? 하는 의
문이 드는데 건물이 붉은 벽돌로 지어서 그런 것은 아니고 러시아

유라시아 철도여행
발트 3국 버스여행

어 형용사에서 '아름다운'이 "끄라시븨이"이고 '붉은색'이 "끄라씨늬이"로 어두가 같다. 그래서 붉은 광장이 "끄라씨나야 플로지찌"가 된 모양이다. 왼쪽 입구에서 입장하여 오른쪽 정교회 성당 지역을 두루 본 후 무기고와 '황제 포' 등을 관람한 후 위쪽 출구로 나가야 한다. 크렘린 궁은 유료이고 바깥의 붉은 광장은 무료 공간이다. 사실 붉은 광장이 더 볼 게 많다. 성 바실리 성당 앞에 두 사람의 동상(⑩번)이 있는데 '미닌과 포자스키' 상이다. 몽골족 퇴치시 공을 세운 니즈니노브고라드 와 블라디미르 출신 장군들이다. 성 바실 성당(현 박물관)에서는 가끔 남성 무반주 중창 공연이 있다. 음악에 관심이 있는 여행자라면 러시안 베이스의 참맛을 보고 들을 수 있다. 입장하면 별도 관람료는 없다. 레닌 묘 입장은 보안 검색이 있다. 구경을 다 한 후 밖으로 나가서 모스크바 강가를 거닐며 외곽 성벽과 경비타워를 보면 이 또한 예술적이다. 각기 모양이 다르니 잘 감상하면 좋다. 서쪽으로 조금 더 걸어가면 아래에 언급된 러시아정교회 총본산인 대성당이 나온다.

재 모스크바 한인 성당(서울대교구). 모스크바 지하철 1호선(빨간색 라인)을 타고 남쪽으로 간다. '유고 자빠드' 역에서 내려 버스 1011번 이나 802번을 타고 과일 시장에 내린다. 최근 연장된 신설 역 '루 체 보' 역에서 더 가깝다.(☎ +7 963-976-88-06)

러시아정교회 모스크바 총대주교좌 '구세주 그리스도 대성당'은 러시 아 신자 약 1억5천만 명의 총본산이다. 종교를 말살한 스탈린이 성전 을 헐고 대리석은 지하철 공사에 쓰고 터는 연못을 만들었는데 개혁 개방 이후인 2000년 새 성전을 완공했다. 총대주교 '키릴'은 2016년 4월 가톨릭 교회 프란치스코 교황과 쿠바에서 역사적 상봉을 했다. 1054년 이후 처음이다.

노보데비치 수도원과 호수가 보이는 길가에 우피러스마니 레스토랑이 있다. 그루지야 전통음식 식당이다. 독일, 미국 등 대통령들이 와서 호평하여 맛집으로 더욱 유명해졌다. 유명 미술가들의 집이었다고 한다.

상트 페테르부르크(St.Peterburg, Санкт-Петербург)

성 베드로와 성 바오로 요새. 구 러시아 해군사령부였다. 대성당엔 로마노프 왕조 무덤이 있고 피터 대제 동상도 있다. 감옥과 처형대도 있었다. 대성당 높은 첨탑은 해군 장병들이 먼 항해에서 돌아올 때 등대 역할도 하며 위안을 주었다.

카잔의 성모 대성당. 상트 페테르부르크 지역 주교좌 대성당이며 러시아 국민들로부터 추앙받는 카잔의 성모(기적)를 기념하는 정교회 대성당이다. 성당 앞에 나폴레옹 전쟁 시 영웅 쿠투조프 장군 동상이 있고 성전에도 노획한 프랑스군 군기, 창검이 보관되어 있다. 성당 건축은 로마 성베드로 대성당을 모방한 것이다. 1810년 완공되었다.

상트 페테르부르크(St. Peterburg)만큼 호칭에 대하여 별칭이 다양한 도시는 없을 것이다. 예수님의 수제자 사도 성 베드로의 이름이다. 이 명사를 보는 사람마다 달라서 모두 달리 발음하고 있다. 여러 명칭 중에서 가장 많이 쓰는 한글본은 상트 페테르부르크이므로 따르기로 한다. 줄여서 "상트"라고 쓰기도 한다(일러두기 참조).

상트는 원래 스웨덴 영토였다. 1240년경부터 뺏고 빼앗기는 전쟁이 있었고 주인이 여러 번 바뀌었다. 1703년 피터 대제는 발트 해로 연결되는 네바 강 늪지를 개발하여 도시로 만들었다. 평지에 도시 건설도 힘든데 섬이 40개인 늪지에 도시를 건설한다는 무모함이 강행되었다. 황제의 권위와 인간의 능력은 무궁무진하여 무려 수천만 개의 목재 파일을 박고 돌과 흙을 메워 땅을 만들었으니 민초들의 노고가 극심했다. 그 당시는 변변한 중장비가 없던 시기임을 감안하면 엄청난 토목 공사였다. 황제는 이 도시를 유럽의 파리 정도로 건설하고자 외국 건축가들을 대거 불러들여 모방했다. 가장 먼저 완공된 건축물이 피터 & 베드로 요새이다. 구 해군사령부이다. 1941년 독일 침공으로 900일 동안 레닌그라드 공방이 벌어져서 약 70만 명이 죽고 도시는 황폐화된 역사가 있다. 그럼에도 오늘날 상트는 인구 약 500만 명의 상업, 예술, 관광 도시로 각광을 받고 있다. 다리가 365개이다. 베니스처럼 물의 도시, 백야의 도시 등 찬사는 많다.

상트는 피터 대제가 17세에 황제가 되어 건설한 도시이다. 1712년 수도로 공포하고 모스크바에서 옮겨왔다. 1725년 피터가 죽었을 때 인구는 약 4만 명이었다. 1914년 페트로그라드라고 했다가 1918년 수도를 모스크바로 다시 옮겨갔다. 1924 레닌 사후 레닌그라드로, 다시 1991년 주민투표로 '상트 페테르부르크'로 개칭했다. 수도를 모스크바에 빼앗겼지만 200년간 유지했던 수도로서의 찬란한 영화는 유지되고 있다.

상트는 모스크바 못지않은 문화 예술의 도시이다. 음악, 발레, 미술이 흥하고 피터 대제의 딸인 예카테리나 2세의 궁전(에르미타쥬 미술박물관)은 세계 3대 미술관으로 손색이 없다. 무려 250만 점의 작품을 소장하고 있다.

숙박 & 교통

상트는 모스크바 못지않은 관광 대도시이다. 저렴한 숙소가 많다. 한인 민박과 한식당도 여러 곳 있다. 숙박비도 모스크바에 비하여 약 30% 정도 저렴하다. 넵스키 대로변 호스텔도 미화 기준 15달러 정도이다. 관광지도 중심이 짧아서 도보 관광이 가능하다. 다만 넵스크 대로 왕복이 반복되면 지하철을 타면 좋다. 요금도 35루블(모스크바 50루블)이고 승차권이 카드가 아니고 재활용 가능한 동전형(토큰)이다.

모스크바에서 열차로 가는 경우 주간에 삽산호를 타면 초고속으로 3시간 반이면 닿는다. 그러나 밤차를 이용하면 약 8시간 걸려서 아침 7시 전후에 도착한다. 침대차지만 요금은 좀 싸다. 도시락을 준다. 숙박비도 절감되는 효과가 있다. 도착역은 공식적으로 모스크바 역이다. 지하철로 연결도 되고 밖으로 조금 나오면 시내 관

통대로인 넵스키 대로가 나오고 왼쪽으로 걸어가면 에르메타쥬 겨
울 궁전(미술관)까지 연결되어 있고 웬만한 명소를 다 둘러 볼 수 있
다. 프랑스 파리를 연상케 하기 충분한 강과 건축의 아름다움에 젖
어들다 보면 자칫 소매치기들의 표적이 될 수 있다는 점에 유의하
여야 한다.

관광지도

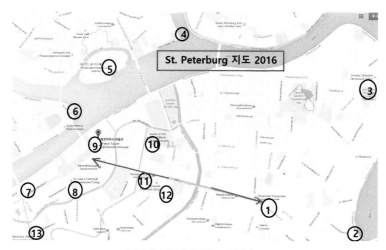

지도 18. 상트 페테르부르크 관광지도

①번 상트 도착 중앙역인 모스크바 역. ②번은 알렉산드로 넵스
키 수도원 대성당. ③번 스몰리 수도원 대성당(이곳에서 **국제적 음악회가
자주 열림**). ④번 오로라 군함(**러일전쟁 시 생존했던 군함**) 전시 부두. ⑤번
성 베드로와 성 바오로 요새(**피터 & 폴 요새**). ⑥번 등대. ⑦번 피터 대
제 청동 기마상. ⑧번 성 이삭 대성당. ⑨번 예르미따주 겨울궁전(미
술관). ⑩번 정교회 구세주 그리스도 피의 성당. ⑪번 정교회 카잔의

성모 주교좌 대성당. ⑫번 가스치니치 백화점. ⑬번 마린스키 극장. ①번에서 ⑨번까지 화살표 선은 중앙대로(넵스키 대로). 지도상에서 ⑥번 등대로부터 ②번 알렉산드로 넵스키 수도원 대성당까지 약 5 ㎞ 정도 된다. 상트에서 비교적 먼 ③번 스몰리 성당 외에는 도보 투어가 가능하다. ⑪번 카잔 대성당 주위가 가장 번화가이며 유명한 과자점, 초콜릿 박물관(상점), 가톨릭 성당, 대형 서점 등이 즐비하다. 이 근처에서 맥주나 커피 한잔 하는 낭만을 즐겨본다. 다음 지하철을 본다.

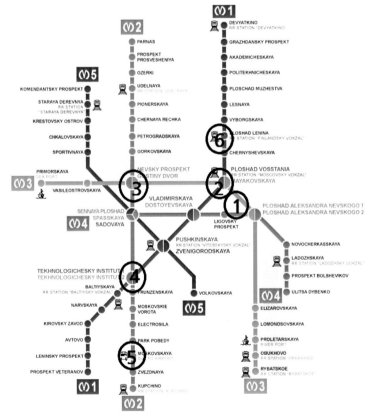

지도 19. 상트 페테르부르크 지하철 노선도

지도 19에서 ①번 위치가 중앙역(모스크바 역)이고, ②번 마야콥스카야 역이다. 걸어서 10분 거리이다. ③번 넵스키 광장역에 내리면 거의 모든 명소와 통하는 위치이다. 만일 에카테리나 여름궁전(푸쉬킨 시에 있는 호박방 박물관, 입장료 400루블)에 경제적으로 가고자 할 때는 ④번 역에서 환승하고 ⑤번 모스콥스카야 역에서 내린다. 지상으로 올라가서 버스(545번)를 탄다. 요금 약 70루블이고 30분 정도 간다. 운전기사에게 "예카쩨리나 드봐레즈?" 하고 물어보고 내려야 한다. 궁전이 잘 안 보이고 정거장에도 별도 표시가 없다.

국제열차를 타고 헬싱키로 가려면 ⑥번 쁠로샤츠 레니나(레닌 광장) 역으로 가서 별도의 국제선 플랫폼에서 타야 한다. 승차권과 여권을 확인하고 짐 검사를 한다. 충분한 시간 여유를 가지고 가야 한다.

피터 대제 청동 기마상. 프랑스 팔코네 작품. 1789년. 청동 66톤 투입되었다.

정교회 성 이삭 대성당

모스크바 역(상트 중앙역). 모스크바에 있는 레닌그라드 역과 동일한 설계로 건축되었다.

피의 성당(구세주 그리스도 부활의 피). 현재는 박물관(입장료 250루블)

지하철 출구 표시. HET BXOД(네트 프호드=입구 아님)-빨간색, ВЫХОД(븨호드=입구, 발음이 다름)-녹색

가톨릭 주교좌 대성당. 성당 마당은 미술품 전시판매장이다.

푸쉬킨(Pushkin, Пушкин)

푸쉬킨은 일명 황제의 마을(짜르코예 셀로)라고 하는 도시이다. 상트에서 불과 25㎞ 남쪽에 위치하고 있다. 1744~1796년에 예카테리나 여제의 여름궁전으로 지었다. 상트에서 가는 방법은 지하철이 가장 경제적이다. 상트에서 여름궁전까지 크루즈 선도 있고(하절기) 여행사 버스도 있다. 왕복 3시간 포함, 한나절(6시간)이 필요하다. 여름궁전의 백미는 호박(琥珀, Amber)방이라고 하는 호화 방과 여름철 정원 분수대이다.

상트 겨울궁전(백미는 미술관이다)의 모습

푸쉬킨 여름 궁전(백미는 호박방이다)

상트에 있는 예르미타쥐 미술관은 9시에 정문을 열고 10시부터 표를 판다. 단체 관광객들이 많아서 성수기에는 못 들어갈 수도 있다. 입장료는 600루블이다. 사진 촬영을 허용한다. 이 미술관의 작품이 약 250만 점이지만 대부분의 관객은 위 그림(렘브란트의 유화)에 열광한다. 성경에 '돌아온 탕자'를 표현한 것인데 진품(1669년)이다. 거지꼴의 둘째 아들을 맞이하는 아버지의 얼굴 표정과 두 손이 매력 포인트이다.

푸쉬킨에 있는 여름궁전 박물관은 10시 입장이고 입장료 400루블이다. 사진 촬영을 허용하지만 '호박방'만은 예외이다. 호박은 송진이 1천만 년 이상 화석화된 보석이다. 1716년 독일이 선물한 호박으로 꾸민 방은 제2차 대전 중 독일군이 다시 강탈해 가서 오리무중이다. 러시아는 2004년 약 1,800만 달러를 들여 복원했다. 호박 50만 개를 현미경을 보며 이어 붙이는 데 11년 걸렸다. 호박방은 약 88평방 미터(약 26평) 크기이다.

173

여행 중 사건 사고

러시아를 떠나며

블라디보스토크를 출발하여 바이칼 호수와 모스크바를 거쳐 상트 페테르부르크에서 헬싱키로 넘어가기까지 24일 걸렸다. 부활대축일에 인천 공항에서 블라디보스토크행 여객기에 몸을 실었다. 여행한 도시와 섬(마을)도 16개나 된다. 대한민국 장년 남자가 혼자 열차 예매와 숙소 예약까지 다 하고 다니는 것이 쉬운 일은 아니다. 열차는 완벽하게 예정대로 여행했는데 숙소는 두 번 숙박사고가 있었다. 자랑할 일은 아니지만 여행 후배들을 위하여 경험을 나누는 차원에서 소개하고자 한다.

호텔 사고 1

그날은 4월 10일이었다. 분명히 그날 예카테린부르그에 도착하여 1박을 하고 떠나기로 하고 모처럼 고급 호텔(Marins Park)에 예약을 했다. 오전 8시경 역에 내려 나와 보니 약간 비가 오지만 역 광장 건너편에 큰 호텔이 눈에 들어온다. 인터넷으로 보던 그 호텔이다. 어떻게 찾아가나 하고 걱정하던 차에 이렇게 숙소를 쉽게 찾기는 평생 처음이다. 이 위치는 서울역 앞에 옛 대우빌딩이 있는 것처럼 바로 앞이다. 배낭 두 개 앞뒤로 메고 콧노래까지 부르며 호텔로 들어가서 짧은 러시아어로 예약자임을 밝히고 방을 요구했다. 데스크에 근무 중이던 여직원이 컴퓨터를 열심히 두들겨 보더니 고개를 갸우뚱하며 난색이다. "예약하셨어요?" 한다. "그럼요, 여기 예약 증도 있어요" 하고 당당히 컨펌 바우처를 내밀었다. 여직원은 다시 보더니 "미스터 김, 당신 예약은 오늘이 아니고 내일, 4월 11일입니다" 하는 것이었다. 직원의 말에 깜짝 놀랄 수밖에 없었다. 그래서 다시 보고 또 보니 나의 날짜 계산 착오였다. 이를 어쩌나? 그래서 자세를 낮추어 "허… 제가 여행 계획 짜다 보니 실수를 한 듯합니다. 어떻게 안 될까요? 배낭도 두 개고 비가 오는데 어딜 가요?" 하고 읍소하듯 호소를 했다. 여직원은 그러면 "숙박 요금 3,500루블 내셔야 한다"고 한다. 원래 예약은 2,200루블이었다. 이렇게 차이가 많은 줄 몰랐다. 그래서 어찌어찌 도와 달라고 부탁하니 좀 기다려 보란다. 한참 후 웃으며 "됐다"며 방 열쇠를 준다. 어찌나 고마운지 웃는 얼굴이 더 미인이다. 하룻밤 잘 자고 잘 먹고(아침 식사 무료) 체크아웃하면서 소중히 간직했던 선물을 내밀며 "안녕(스빠씨-바, 다스베다니야)" 하고 나왔다. 그 선물은 비상용으로 마련했던 '국산 팬티스타킹'이다.

　팬티스타킹을 준비해 온 사연이 있다. 오래전에 공직에 있을 때 모스크바 출장을 가 보았던 친구가 "러시아에 갈 때 양담배나 스타킹을 선물로 주면 최고"라고 강조한 탓이다. 그래서 열차에서나 여행 중에 신세 진 사람에게 주려고 어리석게 준비했지만 이렇게 친절을 베푼 사람에게 잘 썼다.

호텔 사고 2

모스크바 알트(Alt) 호텔에 1박 예약을 했다. 인터넷 검색을 해 보니 가격이 싸다. 1,800루블. 오래전에 예약하고 바우처도 받고 여행길에 올랐다. 열차 이동 중 스마트폰으로 메일을 검색해 보니 호텔스닷컴(HOTELS.COM)에서 여러 차례 메일이 왔다. 내용인즉, "알트 호텔이 폐업하게 되어 부득이 아기오스 호텔로 바꾸게 되었으니 연락해 달라. 방은 더 고급이고 2,500루블인데 원래 계약 금액으로 해 줄테니 투숙하시오"라는 메시지였다. 그야 뭐 찾아가는 불편이 있겠지만 크게 나쁘지는 않아서 그러려니 하고 모스크바에 도착하여 '아기오스 호텔'을 찾아갔다. 가서 내가 받은 메일을 제시하고 숙박을 요구했더니 호텔 직원들이 "우리는 모르는 일이요" 하고 문전 박대다. 그러면서 2,500루블 안 내면 숙박 못 한다고 소리친다. 그때가 밤 11시경인데 어딜 가나? 배낭 두 개 메고 심야에 모스크바 거리를 헤매야 하나. 그야말로 울며 겨자 먹기로 2,500루블 지불하고 방 열쇠를 받아 쥐었다. 물론 영수증을 받아 두었다. 방은 열차처럼 길쭉한 트윈 룸이었다. 마실 물도 없다. 기분이 상했다.

이 문제는 귀국해서 풀었다. 호텔스 닷컴에 메일을 보내서 "어찌 이럴 수 있느냐?" 하고 항의했더니 한국 지사(말레이시아에 있음)에서 전화가 왔다. 죄송하다고. 그래서 내 과실 없이 황당한 일을 겪었으니 그날 고생한 위자료와 호텔비 차액 그리고 택시비를 변상하라고 요구했다. 호텔스 닷컴에서는 정중히 사과 메일을 보내오고 호텔 숙박비 차액은 현금으로 통장에 입금해 줬다. 게다가 다음 예약

때 쓰시라고 쿠폰을 2만원 어치 준다. 역시 글로벌 큰 회사가 화끈하다는 생각이 든다.

좋은 추억을 갖게 된 호텔과 기분이 상했던 호텔

러시아 택시 기사와 흥정 1

모스크바에서 호텔 갈 때 생긴 일이다. 시베리아 횡단 열차의 종점인 모스크바 역(쿠르스카야)에 도착하니 밤 10시경이었다.

원래 예약했던 알트 호텔은 구글 지도로 위치를 파악해 두어서 찾아갈 자신이 있었지만 새 호텔 '아기오스'는 전혀 방향을 알 수 없었다. 스마트폰이 있었지만 데이터 폭탄 요금이 무서워서 차단해 두었기에 WIFI 안 되는 지역에서는 무용지물이다. 그래서 역 밖에 나가서 어쩌나 하고 생각 중인데 눈치 빠른 택시 기사들이 호객을 한다. 그래서 한 기사에게 주소를 보여주며 이 호텔을 아느냐고 하니 안다고 한다. 그래서 요금을 물으니 "띄샬챠 루블"이란다. 1,000 루블이면 바가지요금이다. 그래서 "니옛트"하고 거절하니 이 사람 내게 휴대폰 내밀며 내가 원하는 금액을 적어보란다. 흥정하자는 거다. 그래서 400을 써넣었더니 자기도 안 한단다. 그때 옆에 있던 기사 한 명이 자기가 가겠다고 나섰다. 나는 잘됐다 싶어서 그의 차로 가서 탔다. 택시가 표지판도 없고 개인이 하는 무허가 같아서 불안했지만 설마 하며 마음을 굳게 가지는데 이 기사는 차가 출발하자 뒤를 쳐다보며 손을 내민다. "젠끼!" 돈을 내라는 요구였다. 세상에 택시 요금 선불이 어디 있나? 그래서 러시아어로 강하게 대꾸했다. "니엣트, 아쩰 빼르브이!" 이는 러시아어로 "아니다, 호텔이 먼저다!"라는 뜻이다. 기사가 안 되겠는지 수그러든다. 그런데 조금 가니 목적지이다. 아기오스 호텔은 불과 300미터 정도로 충분히 걸어갈 거리였다. 그래도 어쩌랴, 약속한 요금은 내야 한다. 그래서 안전 수칙대로 내려서 배낭 2개를 도로에 내놓고 1,000루블 지폐를 내밀었다. 그러자 이 기사는 주머니를 뒤적뒤적하더니 조수석에 구겨진 지폐 3장을 내놓고는 "없다"고 한다. 거스름돈 600루블을 내줘야 하는데 300루블 그냥 떼먹겠다는 심보다. 나는 1,000루블 지폐를 다시 집어내고 호텔로 같이 가자고 했다. 그랬더니 나더러 다시 타란다. 같이 가게에 가서 잔돈 바꾸자고. 나는 응할 수 없었다. 심야에 무슨 짓을 저지를지 모르는데 다시 타나? 나는 단호히 거절하고 배낭 메고 호텔로 앞장서 들어갔다. 택시 기사도 별 수 없이 따라와서 호텔 프런트에서 잔돈 바꿔 갔다.

나중에 어떤 러시아인을 만나 이런 얘기를 했더니 "큰일 날 뻔했다"고 한다. 밤에 역 앞에서 택시 영업하는 사람들은 거의 마피아 조직원이라고. "주님 감사합니다!"가 절로 나왔다. 무식한 사람이 용감하다.

러시아 택시 기사와 흥정 2

시베리아의 파리라고도 하는 중심도시가 이르쿠츠크이다. 여행 계획단계에서부터 열차 시간 조정을 해 보았지만 이리저리 재 보아도 역 도착 시간은 늦은 밤 10시경이었다. 이는 숙소 찾아가는 데 고생 좀 하게 생겼다는 의미이기도 하다. 드디어 눈에 익은 이르쿠츠크 역사가 보이고 수많은 승객이 내리고 또 그만큼 타느라 복잡하다. 대합실을 나오니 눈치 빠른 택시 기사들이 나를 에워 싸고 "호텔?" 하고 호객을 한다. 그래서 호스텔 주소를 보여주고 얼마에 가느냐? 물으니 메모지에 "5천 루블"이라고 쓴다. 5천 루블이면 어마어마한 돈이다. 니엣트! 를 외치니 이 친구 다시 금액을 쓴다. 500루블. 아마 얼떨결에 실수했다고 보지만 기분이 상해서 "안 탄다" 하고 나왔더니 다른 기사가 접근한다. 그러면서 500루블이면 정상(노르말) 가격이라며 타기를 권한다. 그래서 300루블이면 타겠다고 하니 자기도 싫단다. 대화 중에 전차(트람바이) 한 대가 역으로 접근한다. 늦은 밤이라도 전차가 있으면 굳이 택시를 탈 필요가 없다. 비록 배낭 2개가 가볍지 않지만 배낭 여행자는 고생은 기본이 아닌가?

옆 행인에게 이 전차가 마르쿠사(마르크스) 거리로 가느냐고 물으니 그렇다고 한다. 그래서 달려가 탔다. 요금이 얼마인지도 모르겠는데 할머니 차장이 있다. 100루블 지폐를 내미니 81루블을 내 준다. 전차 요금이 19루블이라는 뜻이다. 전차는 곧 강 다리를 건너 시내 중심가로 가는가 싶더니 방향이 내 숙소 쪽이 아닌 것 같은 동물적 감각이 발동하여 내렸다. 내리고 보니 사방이 적막강산이고 동서남

북을 모르겠다. 어쩌나 하고 심호흡을 하고 생각 중인데 중국인 같은 노인 두 명이 접근해 왔다.

"헤이, 유 스픽 잉글리쉬?" 한다. 속으로 너보다는 잘할 거다 하면서 "다(예)" 했더니 "완 달러" 하고 손을 내민다. 보아하니 알콜 중독자 같은데 술값을 달라는 것이다. 미화 1달러면 루블화 60루블 정도인데 적은 돈이 아니다. 그 돈이면 둘이 마트에 가서 요기할 빵과 보드카를 살 수 있다. 그래서 나도 제안을 했다. "그래, 1달러 줄 테니 나를 이 주소로 안내해 다오" 하며 주소를 내밀었다. 주소는 마르크스 거리 41번지였다. 현지어로는 울리짜 마르쿠사 41인데 내가 실수를 했다. 번지 수를 "치뜨리 아진"이라고 하니 이 양반들 고개를 갸우뚱하며 앞장을 서서 간다. 자기들이 마르쿠사 거리 잘 안다고. 그런데 한참 가도 주소를 못 찾는다. 이 양반들도 일식 식당을 안내하기도 하고 엉뚱한 호텔에 안내한다. 내가 일본인으로 보였나 보다. 결국 아무 호텔에 들어가서 설명을 하니 컴퓨터 자판기를 두드리던 여직원이 "아, 소락 아진" 한다. 그렇다 러시아어에서는 이상하게 40 숫자만 "소락"이라고 한다. 그래서 "소락 아진" 해야 할 것을 "치뜨이리 아진" 하니 못 알아들을 수밖에. 약 30분간 나름 안내한다고 수고한 노인들에게 1달러를 주니 좋아라 하고 떠나갔다. 호텔 직원 도움으로 대로변에 있는 호스텔을 찾아갔다. 밤 11시가 넘었는데 호스텔 직원이 기다리고 있었다. 아, 오늘도 무사히 도착했구나! 안도의 긴 호흡을 했다.

한인 민박집 숙박 사고

폴란드(크라쿠프)에 한인 민박집이 있다. 장기 여행이므로 연초에 예약하고 컨펌(바우쳐)를 받고 여행을 떠난 터…. 혹시 궁금하여 여행 중간에 전화를 걸어 보았으나 존재하지 않은 전화번호로 나온다. 불안한 마음이 들어 숙박 당일 바르샤바에서 메일을 보냈다. 곧 열차로 출발하며 낮 12시경 도착한다고. 메일에 '수신확인'을 보고 안심 출발…. 그런데 가 보니 아무도 없다. 옆집 폴란드 아주머니 말은 "그 집에 한국인 안 사는 것 같다"였다. 그야말로 객지에서 멘붕. 나중에 알고 보니 이사를 했고 전화번호도 바꿨다. 그러면 예약자에게 어떻게든 알려야 하지 않을까? 왜 홈페이지에 확인 안 했냐고 손님 탓만 하는 민박도 있었다. 외국에서 동포라고 다 친구는 아니다.

러시아 상트에서 핀란드 헬싱키로

러시아 동쪽 끝단 도시 블라디보스토크 역을 출발하여 바이칼호를 거쳐 모스크바와 상트 페테르부르크까지 장장 1만㎞ 철도 여행을 했다. 중간에 기착하지 않고 달리면 7박 8일 일정이지만 그건 무의미하고 지친다. 여행이란 기록 갱신이나 강행군이 목적이 아니다. 느긋하게 보고 즐기며 러시아를 횡단한 것이다. 기왕지사 여기까지 왔으면 더 가고 싶은 마음이 들게 마련이다. 여기서 민스크를 거쳐 베를린까지 갈 것인가, 북쪽 길을 택하여 핀란드 국경을 넘을 것인가? 후자를 택하기로 하고 헬싱키 행 열차표를 예매했다. 러시아 철도공사 홈페이지에서 인터넷 예매가 가능하다. 요금은 2,317 루블(약 42,000원)으로 착한 가격이다. 약 3시간 30분 걸리며 침대차가 아니고 고급 객실(좌석)이다. 출발역은 상트 레닌 역(지하철 1호선)인데 국내선 플랫폼과 분리된 별도의 건물이므로 유의해야 한다. 열차는 알레그로(Allegro, 음악용어로 빠르게)라는 신형 고속철이라 쾌적하다. 국경을 넘을 때 러시아와 핀란드 세관, 경비대 요원들의 여권 심사와 휴대품 검사가 있다. 참으로 확연한 것은 국경을 넘으면 호수가 보이고 깔끔하게 정비된 도로와 예쁜 집들이 보인다. 이 땅도 제2차 세계대전 이전엔 러시아 땅이었는데 공산주의를 선택한 러시아와 자유 민주주의를 택한 핀란드의 풍경이 이렇게 다르다.

그런데 재미있는 모습은 핀란드 국경 출입국 관리 직원들의 복장이다. 대 테러 작전에 투입된 코만도 복장에 머리는 빡빡머리(스킨헤드)였다. 덩치도 아주 커서 위압감을 주기에 충분한 사나이들이었지만 말투는 정중하고 유창한 영어였다. 여권을 보고 돌려주면서 "귀하는 지금 EU 국가에 들어왔으며 솅겐 조약에 의거해서 90일간 자유로이 여행할 수 있습니다." 하고 안내 겸 유의사항을 알려준다. 잠시 후 한국 홍익회 판매원 차림의 남자가 커피 카트를 밀고 지나간다. "커피를 드시겠느냐?" 하고 물었다. 그래서 고개를 가로 저었더니 "무료입니다" 하는 것이었다. "아, 그래요? 그럼 한 잔 주시죠."

이렇게 장장 10,380㎞을 달린 즐거운 '유라시아 철도 여행'이었다.

러시아-핀란드 국제선 열차 알레그로 호.

러시아-핀란드 국경선 역 뷔보르그와 (Bainikkala) 를 통과하니 한국 SKT에서 '드르륵' 하고 심 카드 가 변경되었다는 문자가 온다. 귀신 같은 세상이다.

✔️ 어학 팁(19)▶ 감사합니다. 실례합니다.

감사합니다: Спасибо(스빠씨-바). 가장 광범위하게 쓰이는 영어 Thank you 에 해당한다. 발음대로 읽으면 스빠-씨보이지만 악센트가 없는 о는 아 발음 이므로 "스빠씨-바"가 된다. 여기에 "대단히"를 덧붙이려면 스빠씨-바 발쇼-에(Спасибо большое) 하면 된다. 발쇼에는 "크다, 매우"의 뜻이다. 모스크 바에 있는 발쇼이 극장이 크다는 뜻이다.

실례합니다, 죄송합니다: Извините(이즈비니-쩨)는 길을 묻거나 실례를 했 을 때 인사말이다. 여기에 만능어처럼 붙이는 단어가 있다. 앞에서 소개한 "빠좔루스따"를 덧붙이면 정중한 표현이 된다. 영어 Please처럼 다양하게 쓴다.

예: Да(다-). 영어 Yes. 아니요: Нет(네트). 실제 발음은 "니예뜨"처럼 낸다.

제4부

발트 3국과
핀란드 및 벨라루스

지도 20. 발트 3국과 핀란드 버스 투어 지도. 헬싱키에서 에스토니아 수도 탈린까지는 크루즈선이 자주 뜬다. 대형 호화 유람선이라서 약 2시간이면 도착한다. 핀란드는 물가가 비싸다. 그래서 주말이면 에스토니아 탈린으로 쇼핑 겸 관광을 오가는 승객이 많다. 탈린부터는 개별 버스 투어이다. 열차도 있지만 운행 시간대나 소요 시간 등에서 버스가 유리하다. ①핀란드 수도 헬싱키 ②에스토니아 수도 탈린 ③에스토니아 패르누 ④라트비아 수도 리가 ⑤라트비아 시굴다 ⑥리투아니아 카우나스 ⑦리투아니아 수도 빌뉴스 ⑧벨라루스 수도 민스크.

✔️ 어학 팁(20)▶

발트 3국과 핀란드는 수십년에서 수백년 러시아의 지배를 받았다. 현재도 러시아계 주민이 많이 살고 있어서 민족 간 갈등이 남아 있다. 이들 지역에서 영어보다 러시아어가 더 잘 통하는 이유이다. 길을 물어야 할 때가 있다. 역이나 박물관 또는 호텔 등.

먼저 인사말로 "이즈비니- 째 빠찰-루스따!" 하고 "그제 바끄잘(또는 무제이, 아쩰)? 하고 질문받은 사람이 러시아 말을 주루룩(내가 알아듣든 못 알아듣든 상관 없이)설명한다. 몇 개 키워드만 알아들어도 도움이 된다.

Прямо(쁘랴마, 직진)/ Право(쁘라바, 오른쪽으로)/ Лево(레바, 왼쪽으로) 3가지 이고 앞에 С를 붙이면 "있다"라는 뜻이다. С Право(스쁘라바, 오른쪽에 있다)가 된다.

발트 3국이란?

발트 3국은 북유럽 발트해 연안에 있는 에스토니아, 라트비아, 리투아니아 3국을 이른다. 영어로는 Baltic states라고 하는데 제2차 세계 대전 이전까지는 핀란드까지 포함하여 발트 4국이라고 하였다. 핀란드는 발트 국가에서 제외되어야 한다고 국제 사회에 호소하여 북유럽 국가군에 들어갔고 현재는 3국만 발트국가로 정의하고 있다.

발트 3국은 공통적으로 평야 지대이고 가장 높은 산이라야 300m 정도 트래킹 코스 정도가 있다. 즉 농업 생산량을 극대화시킬 수 있는 여지가 많다. 3국 중 북쪽 에스토니아는 덴마크와 핀란드 지배를 받았었고 주 종족은 핀우고르족이다. 반면에 라트비아와 리투아니아인들은 인도 유럽 종족이다. 독일 검의 형제단(무장 수도회)에 정복되어 그리스도교로 개종을 강요받았고 폴란드의 침공을 받기도 했다. 에스토니아와 달리 종족이 다르고 언어도 달라서 이질감이 있다. 이들 3국은 모두 영토가 작다. 3국 합쳐도 한반도보다 작지만 험준한 산이 없고 평야가 많아 쓸 땅은 많다. 인구도 도합 650만 명에 불과하여 대한민국의 약 12%밖에 안 된다. 3국이 언어도 다르고 인종과 문화가 다르니 통일은 생각이 없다. 이들 3국은 가슴 아픈 과거도 공유한다. 즉 1939년 8월 23일 제2차 대전 직전에 독일 히틀러와 소련 스탈린의 비밀 조약으로 땅을 모두 소련에 병합하기로 한 것이다. 그러다가 1991년 52년 만에 함께 독립했다. 3국은 국민 소득이 비슷(1만 5천 달러, 2015년 기준)하고 종교는 위로 갈수록 루터교가 많고 밑으로 내려올수록 가톨릭이 많다. 에스토니아 수도인 탈린에서 리투아니아 수도 빌누스까지 약 680㎞이다.

핀란드에서부터 시작하여 내려오면서 리투아니아까지는 단일 통화(유로)를 쓰기에 아주 편리해졌다. 또한 영어가 부족한 사람들에게는 짧은 러시아어도 소통 수단이 되어 여행자에겐 유리한 점이다. 이들 민족성의 또 다른 공통점은 음악을 좋아한다는 점이다. 특히 민요와 합창은 국민 합창이 되어 있다. 1992년에는 음악의 노벨상이라고 할 수 있는 "폴라음악상"을 발트 3국이 공동 수상했다. 또한 2013년 9월에는 라트비안 보이시스(Latvian Voices) 팀이 내한하여 연세대 음악당에서 연주한 적도 있다.

✔️ 어학 팁(21)▶ 취미 대화

ПО(빠, ~위에) 전치사 По는 국가명에 접두어로 붙이면 그 나라 언어가 된다. ПО -Английски(빠 안글리스키, 영어), ПО-Корейски(빠 까레이스키, 한국어), ПО-Китайски(빠 키따이스키, 중국어)이다. 만일 공항이나 검문소에서 러시아어로 질문을 받으면 "영어로 말해 주세요" 하고자 할 때 "빠좔-루스따, 빠 안글리스키" 하면 "영어로 말해 주세요"의 정중한 표현이 된다. 톨스토이의 작품 소설 『전쟁과 평화』는 러시아에서 지금도 인기이다. 대화 소재로 좋다. Воина И Мир, Толстои(보이나 이 미르, 딸스따이, 전쟁과 평화, 톨스토이)이다. 발음에 유의.

유라시아 철도여행
발트 3국 버스여행

헬싱키(Helsinki)

헬싱키 중앙역. 러시아 통치 시절인 1914년에 건축. 독특한 설계이다.

헬싱키 중앙역 앞 대로의 디자인 거리.

핀란드는 호수와 섬이 많은 나라이다. 오랫동안 스웨덴 지배를 받다가 지난 100여 년간 러시아에 종속된 역사가 있다. 땅은 커도 인구가 약 550만 명으로 러시아나 독일과 대적하기엔 역부족이다. 핀란드의 수도 헬싱키는 위도상 세계에서 가장 북극에 가까운 핀란드의 수도이다. 인구 약 60만 명 규모인 발트해 항구이고 북극해로 진출이 용이한 자연 양항良港이다. 농수산 산업 외에도 노키아 Nokia 같은 회사로 한 세대를 풍미하고 살았다. 요즘은 디자인과 혁신 제품 개발에 성과를 내고 있으나 경제는 날로 위축되고 있다. 항공, 철도, 해운이 모두 허브 역할을 한다. 핀에어(Finn Air)항공사가 대한민국 취항을 하고 있다. 헬싱키 사람들은 거의 모두 영어를 잘한다. 그들 언어(핀란드어, 스웨덴어)를 외국인들이 못하니까 영어를 일상화해서 그런 듯하다. 러시아 지배 영향으로 노년층은 러시아어도 통한다. 핀란드는 복음주의 루터교가 국교이다. 따라서 국민의 약 90% 정도가 루터교 신자이고 가톨릭 교회와 핀란드 정교회는 소수 종교이다.

디자인 거리 노동자 상

루터교 파이프 오르간

헬싱키 관광 1번지 격인 헬싱키 원로원 광장과 교회이다. 동상의 주인공은 러시아 알렉산더 2세 황제이다. 이 교회는 에반제리스트(개신교) 교회인데 성당처럼 아늑하고 장중하며 2층 오르간도 아름답다. 핀란드를 대표하는 루터교인데 들어가 보면 여러 가지로 놀라게 된다. 무엇보다도 루터교 창설(?)자 마르틴 루터 조각상이 비중 높게 장식되어 있다. 러시아가 지배하던 1852년 완공했다.

숙박 & 관광

여행자들이 느끼는 헬싱키의 가장 큰 애로는 높은 물가이다. 호텔이나 호스텔도 유럽 다른 도시 동급에 비해 두 배 정도 비싸다. 예를 들면 호스텔도 하루 30유로 정도이고 마트에서 사 마셔야 하는 생수(미네랄)도 작은 것 한 병에 2유로(약 2,700원)이다. 커피도 8유로 정도이다. 러시아에서 여행하고 온 사람들은 깜짝 놀랄 물가이다. 세금이 많이 붙기도 하겠지만 유통구조 문제가 아닐까 한다. 대부분의 여행자들은 마트에서 식재료를 사다가 숙소 주방에서 요리해 먹는다. 버스나 트램도 한 번 타는데 3.2유로(약 4,300원)이다. 러시아에서 20루블(약 360원)에 타던 생각이 나서 웬만한 거리는 걸어 다닌다. 헬싱키에서 사우나(Sauna: 원래 핀란드어)는 엄두도 못 낸다.

191

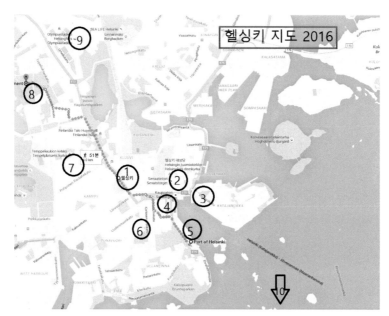

지도 21. 헬싱키 관광지도. ①번 헬싱키 중앙역. 역을 나와서 길 건너 오른쪽으로 돌아 올라가면 번화가 디자인 거리이다. ②원로원 광장과 핀란드 국교회인 루터교회 ③ 과거 러시아정교회였으나 지금은 핀란드 정교회 주교좌 성모승천(우즈펜스키) 대성당이다. 작은 언덕 위라서 전망이 좋다. ④에스플라나디 공원, 산책하기 아름다운 곳이다. 바다 쪽에 마트가 형성된다. ⑤크루즈 항, 탈린 갈 때 승선하는 곳이다. 걸어가기에는 좀 지루하고 멀다. 트램을 타는 것이 좋다.⑥가톨릭 대성당이 있다. 성당 앞에 한국대사관이 있다. ⑦암석 교회(바위산을 파서 지하 교회를 만듦). 파이프 오르간도 있고 유명하다. ⑧시베리우스 기념비(핀란드 최고의 작곡가의 기념비와 흉상). ⑨올림픽 경기장. 몇 년 전 한국 축구팀도 이곳에서 연습경기. ⑩번↓화살표는 ④번 부두에서 배를 타고 수오멘린나(Suomenlinna)요새 가는 방향이다. 중앙역에서 시베리우스 기념 공원까지 약 4㎞ 정도이다. 해변가 공원으로 걸어가도 좋다. 공원 매점도 예술적 건축이다.

시베리우스 공원 암반 위에 파이프 오르간 형상 기념물을 만들어 놓고 그 옆에 시베리우스 두상을 따로 만들어 놓았다.

암반교회. 거대한 바위를 굴착하여 객석 약 1천 개 규모의 교회를 지었다. 아마도 세계 유일할 듯. 매일 오르간이나 피아노 등 연주회가 있다. 10시에는 무료로 개방한다.

192

쟝 시베리우스(Jean Sibelius 1865-1957) 두상. 세계적 인 음악가이다. 교향시 핀란디아로 유명하다.

암반교회 파이프 오르간. 자연 암반 공간이라 울림(Accoustic)이 좋다.

오줌 누는 아이. 크루즈 부두

핀란드 영웅 만네하임 장군 기마상

삼성 홍보 로고를 단 트램

헬싱키 가톨릭 주교좌 대성당. 한국 대사관 앞에 있다. 오전 10시~오후 4시까지 개방. 오른쪽 정교회와 건축 양식은 달라도 색상은 같다.

핀란드 정교회 헬싱키 우즈펜스키(성모승천)대성당. 바닷가 언덕 위에 있어서 올라가면 전망이 좋다. 9시 30분 개방한다.

디자인 거리 풍경

디자인 거리

헬싱키 아이(④에스플라나디 공원 앞)

한국인 작품 전시회

에스토니아 수도 탈린(Tallinn)- 잘 보존된 문화 유산

방어탑(마가렛)과 올랍 교회. 이곳은 성채 입구이다. '뚱보 마가렛'이란 별명이 붙은 이 방어탑은 총포탄으로부터 훼손된 모습을 훈장처럼 간직하고 있다. 이 탑 뒤에 영국군 전사자들을 위한 기념비와 박물관이 있다.

탈린 구시가지 중심 전망. 올랍 교회가 보인다.

탈린은 각종 찬사를 듬뿍 받는 도시이다. 발트 해의 보석이라느니 발트 해의 진주라는 예찬론이 지금도 그치지 않는다. 그도 그럴 것이 발트 해 연안 항구이면서 낮은 구릉에 도성을 짓고 800년 전부터 무역을 주로 하며 가꾼 도시가 잘 보존된 때문이다. 예로부터 소국은 침략을 많이 받았다. 에스토니아도 14세기 해양강국이던 덴마크, 독일, 스웨덴과 제정 러시아로부터 많은 고초를 겪어왔지만 1990년 독립을 이루면서 발트 3국의 공영을 이루고 있다. 특히 수도 탈린은 유럽 문화 도시로 지정되어 외국 관광객들의 발길이 늘고 있다. 탈린의 구시가지 Old Town은 두 시간이면 다 돌아볼 수 있는 지역이다. 그러나 오후에 돌아보고 밤에 돌아보고 다시 이른 아침에 돌아보면 전혀 다른 모습을 느낄 수 있다. 종교적으로 북쪽 스칸디나비아 제국들의 영향을 받아서 에반제리스트(루터교)가 제일 많고 에스토니아 정교회(구 러시아정교회) 가톨릭 교회가 소수로 되어 있다. 구시가지에서는 영어가 대충 통하며 물가가 매우 싸다. 그 예로 어제까지 헬싱키에서 작은 생수 한병에 2유로를 지불해야 했지만 이곳 마트에 가보니 0.4유로 정도였다. 다른 물가도 비례하고 혹 시외 버스 터미널 갈 때는 신시가지로 가야 하는데 버스(트램) 요금은 1유로이다. 탈린에서 오래 된 교회를 보게 되는데 어떤 교회인지는 들어가 보아야 한다. 정교회는 뚜렷이 구별되지만 루터교회와 가톨릭 교회는 외견상 구별이 어렵다. 그 이유는 이 지역에서 가장 유명하고 종탑이 높은 올랍 교회의 경우 건축은 13세기에 가톨릭 교회로 시작되었으나 완공은 16세기에나 되었는데 루터교가 생기면서 왕(또는 영주)의 종교에 따라서 루터교회가 된 것이다. 유럽의 루터교는 한국 루터교와 달리 하이 처치(High Church)이므로 교회 인테리어도 가톨릭 교회와 비슷하고 전례도 많이 공유한다. 물론 잘 보면 성모 마리아 상이 없는 대신 마르틴 루터 상이 있고 성체 감실이 없는 등 차이가 있다.

헬싱키에서 탈린까지 약 2시간 걸리는 크루즈선(요금 50유로이지만 계절별, 요일별로 차등이 있다)

탈린 항 여객 터미널 전경

어학팁(22)▶

긴급상황시 쓸 수 있는 말(한국어 먼저 표기): 경찰!(뽈-리찌야, Полиция)!/병원(볼-닛짜, Больница)/도와주세요(뽀-마기쩨, Помогите). 뽀 발음을 빠처럼 한다.

숙박 & 관광

탈린 항 여객터미널에서부터 구시가지 입구는 걸어서 약 10분 정도의 거리이고 여행자들을 위한 호스텔도 있다. 숙박료도 약 10유로 정도로 저렴하다. 숙소에서 관광용 지도를 받아 나서면 명소를 찾아다니는 것은 어렵지 않다. 도로 전체가 말뚝형 돌(타일)을 박았기에 울퉁불퉁하다. 편한 운동화를 신어야 한다.

197

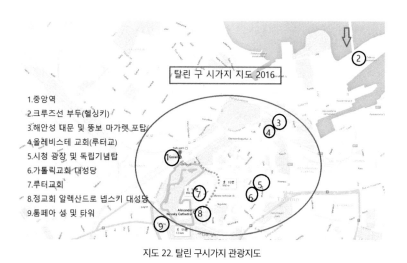

지도 22. 탈린 구시가지 관광지도

　탈린으로 오는 여행자 도착지는 대개 ①번 탈린 중앙역 또는 ②번 크루즈선 부두이다. 모두 걸어서 구시가지로 올 수 있는 거리이다. ③번 성채 입구는 공원이고 뚱보 마가렛이라 불리우는 사료탑(사일로) 같은 방어용 포탑이 있다. 성채 대문이기도 하다. ④번은 올레비스트(Oleviste)교회로 13세기에 건축 착수하였다. 종탑 높이 159m로 건축 당시엔 세계 최고 높이였다. 지금도 종탑 중간까지 올라가면 구시가지가 다 보인다. 나선형 계단 오르기가 쉽지 않다. 종탑 입장료 2유로이고 현재는 루터교회이다. ⑤번 시청과 독립 기념탑 광장. ⑥번 가톨릭 교회 대성당. ⑦번 루터교회. ⑧번 정교회 알렉산드로 넵스키 대성당. 러시아 식민지 시대의 상징이라 현지인들은 싫어한다 ⑨번 툼페아 성채와 타워. 지배자의 궁전이었으나 현재 국회의사당으로 쓴다. 정교회와 툼페아 성채 사이에 15세기에 지은 루터교회가 있다. 원래 목조 건축이었다.

뭔가 청하거나 해도 되는지 물어 볼 때. 영어의 May I~~ 같은 표현
Можно(모-쥐나) ~ 해도 됩니까?

예문: Можно ФОТО(모-쥐나 포따? 사진 찍어도 됩니까?), Можно КУРИ
ТЬ(모-쥐나 꾸리-쯔. 담배 피워도 됩니까?)

사일로 형 방어포탑

가장 오래된 루터교회

발트3국엔 이런 광장이 많다

길드 상가(카타리나 수도원 길). 2층은 옛 성채로 유료 관람길이다.

가톨릭 성당

툼페아 성. 현재 의회로 이용되고 있다.

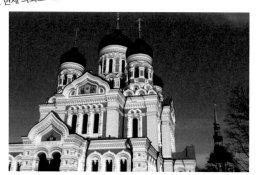

에스토니아(구 러시아) 정교회

시청 앞 독립광장 및 루터교회

에스토니아 페르누(Pärnu)

탈린 게이트(칼 구스타프 문). 발틱 지역에 17세기 성벽 문으로 유일하게 남아 있다. 19세기까지 탈린과 리가를 잇는 요충지

페르누 철도역. 오른쪽은 열차표 판매소, 왼쪽은 버스표 판매소

페르누 첫 운행 기관차

페르누는 작은 소도시로 에스토니아어로 Pärnu는 "뻬르누"로 발음한다. 에스토니아 남쪽 라트비아 국경 근처의 어항인데 해변이 좋아서 여름이면 국내외 피서객과 해변 음악 축제에 참석하는 사람들이 성황을 이룰 뿐 작은 전원 마을이다. 인구 약 4만 명의 작은 도시로 에스토니아 정교회와 루터교회가 몇 개씩 있고 가톨릭 교회는 없다.

숙박 & 관광

여름철 해변 피서 시즌 외에는 이렇다 할 관광 자원이 적다. 버스터미널이 있는 ①번 위치에 구 중앙역과 독립 기념 시계탑이 있고 종교 건축 중에서 에스토니아 정교회(성모 마리아 성변화)성당과 성 엘리사벳 루터교회가 볼 만하다. 특히 루터교회는 18세기 건축으로 파이프 오르간이 있어서 음악회 등 지역 문화 센터 역할을 한다. 숙박하는 이는 많지 않다. 약 2~3시간이면 탈린이나 리가로 갈 수 있기 때문이다.

지도 23. 페르누 관광지도. 발트 3국은 학생이나 경로 우대 정책이 잘 되어 있다. 외국인이라도 60세 이상이면 시외버스나 국제 버스도 크게는 50%, 작게는 10% 할인해 준다. 국제 학생증이나 여권을 제시하면 해 준다.

국제 버스- 발트 3국 여행은 버스로

발트 3국 여행은 철도보다 국제 버스가 운행 편수도 많고 편리하다. 2~4시간이면 목적지에 닿는다.
요금도 저렴하고 학생, 경로 우대도 있다. 화장실과 커피(유료/무료)도 있다.

화장실이 있으면 일단 맥주를 사서 마셔도 좋다.
간식거리는 미리 준비한다.

신형 버스는 인터넷이 기본이고 국제선 여객기처
럼 영화 등 다양한 메뉴가 있다.

버스터미널 이름이 다 다르다. 작아도 인터넷망이 발달하여 예매, 발권이 쉽다. 위 에스토니아 탈린
에서부터 리투아니아 빌뉴스까지 3개국 7개 도시의 횡단 거리는 약 600㎞다.

성 엘리사벳 루터교회

작곡가 라이몬드 발그레 상(작곡과 아코디언을 독학한 민족 음악가)

이 지역 유일한 교회 파이프 오르간

쿠살 해변 종합 연주홀

에스토니아 정교회

독립 기념비. 역 앞에 있다.

외벽을 타일로 마감한 정교회 성당

시인 리디아 코이둘라 상

라트비아 수도 리가(Riga)

지도 24. 발트 3국. 위로부터 에스토니아, 라트비아, 리투아니아가 있다. 에스토니아 패르누에서 라트비아 수도 리가로 버스로 가는 길은 평야이다. 거리 약 200㎞로 2시간 30분 걸린다. 리가 옆 '시굴다'와 빌니우스 옆 '트라카이'도 소개한다.

리가 중앙역(시계탑)

리가 성 베드로 대성당

리가는 발트 해 중에서 리가만의 중요한 항구이다. 1200년 알베르토 주교가 "검의 형제 무장수도회"를 이끌고 와서 건설한 도시로 알려져 있다. 인구 약 60만 명의 도시로 공업, 상업이 발전된 도시이다. 조선공업(특히 선박 수리업)이 흥하다. 시내 남북으로 다우가바강과 연결되는 운하(개천 규모)가 흐르고 있어서 운송, 관광에 요긴하게 쓰이고 있다. 이곳 역시 걸어서 하루 정도면 거의 다 볼 수 있다. 에스토니아와 달리 가톨릭 교회가 많고 라트비아 정교회(구 러시아정교회)도 공존한다. 러시아와 국경을 접하고 있어서 러시아계 주민이 많고 그 문화와 언어가 남아 있다.

숙소 & 관광

1.중앙역
2.버스터미널
3.중앙시장
4.서커스
5.라트비아 대학교,오페라
6.자유의 탑
7.정교회 대성당
8.광장,3형제집
9.가톨릭대성당 지구
10.반수 대교

지도 25. 리가 관광지도.

중앙역이나 중앙시장 쪽에 가면 저렴한 호텔, 호스텔이 많다. 중앙시장은 엄청 크고 새벽 4시부터 시끌시끌하다. 이 지역에서 시내 관광을 편히 하려면 반수 다리(Vansu Tilts, 현수교) 방향으로 가는 버스(트램)를 타고 다리를 건너기 전에 하차하여 ⑧번 남쪽으로 걸어 내려오면서 관광하면 좋다. 구시가지(Old Town) 중앙을 가로지르는 브리비바스(Brivibas) 대로를 따라 왼쪽으로 가면 ⑥번 독립 기념비가 있다. 조금 더 가면 ⑦번 황금빛 찬란한 정교회를 볼 수 있다. 구시가지의 중심은 ⑧번에서 ⑨번까지, 3형제 집과 가톨릭 대성당이다. 유명한 성당 3개가 머리를 맞대듯 함께 있는 것도 다른 지역에서 보기 어려운 모습이고 돌로 포장한 도로가 울퉁불퉁하고 꼬불꼬불하여 명소 찾아다니기가 재미있다. 전차에 그린 컬러 전면 광고도 볼거리이다.

리가 최대의 중앙 농산물 시장

독립 기념탑. 천사가 별 3개 들어 올리는 모습이다.

리가 스탈린 양식 건물

❶ 리가 라트비아 정교회 대성당
❷ 가톨릭성당 앞 멧돼지상(브레멘 음악대 기념물). 사람들이 코를 만져서 반짝반짝 빛이 난다.
❸ 리가 역 앞 노동절 기념
❹ 고풍스러운 구 시가지 집들, 광장 지역에 있다

라트비아 시굴다(Sigulda)

발트 3국은 공통적으로 삼림은 있으나 산은 거의 없다. 해발 300m 정도가 높은 산이다. 서울 남산 정도 높이이다. 라트비아에 산이 있다면 시굴다이다. 산 자체보다 트래킹 코스인데 오래전에 지은 산성이 있다. 무장 수도회에서 구축해 놓은 방어용 진지 개념 인데 오늘날 좋은 관광자원이 되고 있다. 리가에서 약 60㎞ 북동쪽으로 간다. 버스와 열차가 많다. 약 70분 걸리는데 요금이 정말 착하다. 버스 2.5유로, 철도 1.9유로(2016년 기준). 시굴다는 인구 약 1만 5천 명의 작은 시골 마을이다. 지리적으로 가우야 강이 있고 가우야 국립공원이다.

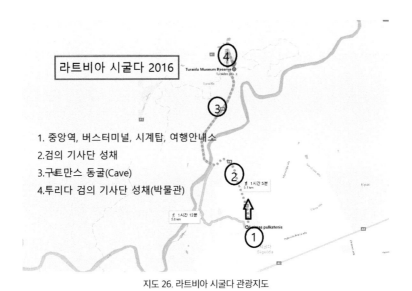

지도 26. 라트비아 시굴다 관광지도

시굴다 ①번에 도착하면 바로 철도역이고 버스 터미널이고 여행 안내소가 있다. 안내지도를 얻어 브리핑를 듣고 화살표 방향으로 올라간다. 마을 입구에 식당, 카페, 마트가 있다. 산 정상에는 아무 것도 없다. 성채 가는 길에 루터교회가 있다. 아담하고 예쁜 교회 이다. 파이프 오르간도 있다. ②번 성채 단지에 도착하면 신 성채 가 있고 그 뒤에 1207년도에 지은 리노비안 구 성채(**검의 무장 기사단**) 의 유적이 있다. 성채는 입장료 2유로이다. 성채 종루와 통로를 걸 어 볼 수 있다. 많이 개보수가 된 흔적이 있다. 여기서 산 정상에 빨간 성채가 보인다. 한 폭의 그림 같아서 올라가고 싶은 마음이 든 다. 약 5㎞의 트래킹 코스이다. 두 시간 걸린다. ③번에 동굴이 있 다. 구트만의 동굴인데 쿠트만은 독일어 Gutman으로 착한 남자를 이른다. 이 동굴은 사랑의 동굴이란 별명이 붙어 있다. 작은 정교 회 같은 매점이 있고 여기서부터 오르막 등산 모드이다. 목적지인 ④번 투리다 국립박물관(**성채**)은 입장료 2.85유로이다. 볼 것이 많 다. 약 1시간 예상하고 내려올 때는 출발지 ①번으로 내려가는 시 내 버스를 이용한다. 단지 밖 주차장에서 탄다. 거의 매시간 있다. 요금은 1유로다.

투리다 성채 내부 방어탑

시굴다 루터교회

유라시아 철도여행
발트 3국 버스여행

투리다 성채 전경

구트만스 동굴, 선사 시대부터 사람이 살았다. 깊지 않다. 속칭 사랑의 동굴이다.

시굴다 신 성채

시굴다 구 성채(1207년 건립), 수도원 형태를 하고 있다.

 어학 팁(24)▶

숫자: 마지막 팁은 러시아어에서 가장 어려운 숫자에 대해 살펴본다. 기본 형이다.

1 : 아진(ОДИН) 2 : 드바(ДВа) 3 : 뜨리(ТРИ) 4 : 치띄-리(Четыре)

5 : 삐얏쯔(ПЯТЬ) 6 : 쉬에스쯔(Шесть) 7 : 씨임(Семь) 8 : 보-씸(ВОСемь)

9 : 제-빗쯔(ДеВЯТЬ) 10 : 제-샷쯔(ДеСЯТь) 11 : 아-진나짜쯔(ОдинНадцать) 12 : 드비나-짜쯔(ДвеНадцать) 20 : 드바-짜쯔(Двадцать) 40 : 쏘-락(СОРОК) 100 : 스또(СТО) 200 : 드베스찌(Двести) 300 : 뜨리스따(Триста) 500 :   찌숫 ПЯТЬСОТ) 1,000 : 띄-샷짜(ТыСЯЧа)

★ **응용 예문:** Q. 이것 얼마입니까?(스꼴까 스토잇뜨?) A. 아진 루블(1루블입니다). /뜨리 루블라(3루블입니다)./빳쯔 루블레이(5루블입니다).

이렇게 숫자에 따라 변화가 많고 화폐도 루블 변화가 있다.

리투아니아 카우나스(Kaunas)

시청 홀(Town Hall). 원래 성당이었는데 예식장으로 쓴다. 구 소련 시대에는 교회를 몰수하여 마구간으로 쓰기도 했다.

아크로폴리스(Akropolis)는 대형 쇼핑센터 겸 버스 종합 터미널이다. 모든 버스는 이곳에서 출발한다. 매우 혼잡하다.

버스로 카우나스 입성하는 길은 네만 강 알렉소타스 다리를 건넌다. 강변에 즐비한 성당과 대학들의 경치가 그림 같다.

리투아니아 제2의 도시인 카우나스는 11세기에 건설되었으나 근세 강대국이었던 폴란드와 러시아 사이에서 이리저리 합병되고 국민은 추방되거나 죽임을 당하는 고통을 겪었다. 1920년~1940년에는 수도인 빌뉴스를 폴란드에 빼앗겼을 때 임시 수도였다. 현재 인구 약 40만 명이고 가톨릭 교회가 매우 활발하다. 교육 도시로 대학교가 여러 곳이고 빌뉴스 서쪽 약 100㎞ 떨어져 있다.

숙박 & 관광

여행자들의 취향에 부응할 수 있는 호텔, 호스텔, 게스트하우스, 모텔, B&B 등 다양한 숙소가 많다. 게스트하우스는 호텔과 호스텔 중간 정도의 시설과 숙박비로 보면 된다. 관광은 네만 강변 서쪽 구시가지(올드 타운) 위주로 이뤄지는데 걸어서 충분히 볼 수 있다. 구시가지에서 복합 타운인 아크로폴리스로 가는 중앙대로는 보행자 전용 길이 환상적이다. 좌우에 박물관, 대학교, 충혼비 등 볼 만한 곳이 많다. 매주 월요일은 모두 휴무다.

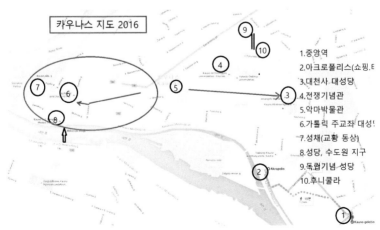

1.중앙역
2.아크로폴리스(쇼핑.ㅌ
3.대천사 대성당
4.전쟁기념관
5.악마박물관
6.가톨릭 주교좌 대성!
7.성채(교황 동상)
8.성당, 수도원 지구
9.독립기념 성당
10.후니쿨라

지도 32. ①번 중앙역이고 ②번이 복합 쇼핑센터 겸 종합 버스터미널이다. 빨간색 도로가 구지도 27. 시가지 가는 중앙로이고 ⑨번 예수 승천 대성당 올라가는 후니쿨라가 ⑩번에 있다. ⑧번 아래 화살표시는 알렉소타스 다리(Bridge)이다. 구시가지는 빨간색 원형 안에 있는데 ⑥, ⑦, ⑧번이 한 동네이다.

지도에서 ⑨번 도로 옆 가톨릭 예수부활대성당. 2006년에 독립 기념으로 지었고 성 요한 바오로 2세 교황이 다녀가셨다. 현대적 개념으로 엄청 크게는 지었는데 예술적인지는 모를 일이다.

카우나스를 방어하기 위한 성채. 이 성채 옆 공원에 성 요한 바오로 2세 동상이 있다.

유대 회당인데 조형물이 뜻하는 바가 무엇일까 생각하게 한다. 2 차 대전 중 리투아니아에서만도 유대인 22만 명이 나치에 의해 참혹하게 학살되었다(22만 명이면 2015년 기준 경북 영주시 또는 경기 구리시 인구 전체 규모).

'예수부활대성당'으로 쉽게 가기 위한 지름 길인 후니쿨라. 건강한 사람은 걸어 올라갈 수 있다.

구시가지 중심에 가톨릭 주교좌 대성당. 2차 대전 중 완파되다시피 하여 재건한 것이다.

리투아니아 수도, 빌니우스(Vilnius)

빌니우스 중앙역. 작은 시골역 규모이고 안에 짐 보관소가 있다.

세 십자가 동산에서 바라본 시가지 풍경

리투아니아는 발트 3국 중에서 지리상으로 남쪽에 위치하고 있다. 면적이나 인구(약 300만 명) 면에서 큰 나라이다. 발틱 3국 약 700㎞ 여정이 대개 이 도시에서 끝난다. 독일 투톤 무장 기사단의 침략을 받기도 했고 폴란드와 러시아 사이에서 많은 압제를 받았다. 종교는 국민의 약 80% 이상이 가톨릭이고 다양한 인종만큼 수도 빌리누스에서는 언어도 영어가 공통어로 되어 가는 느낌이다. 거리에서 젊은이에게 길을 물으면 대개 소통할 수 있는데 간혹 러시아어밖에 못하는 사람도 있다. 빌리누스는 겉으로 보아서는 교회의 도시이다. 로마 못지 않게 거리엔 고풍스러운 십자가와 건축 예술의 완결판을 보는 것 같다. 수많은 전쟁과 참화 속에서 이렇게 보존한 데 대하여 감사한 마음이 들 정도이다. 빌리누스는 철도역 광장 앞 왼쪽에 버스터미널, 쇼핑센터, 오른쪽에는 맥도널드 식당이 있어서 여행자들에게 좋은 길잡이가 되고 있다.

숙소와 관광 & 교통

중앙역 앞 지역에 저렴한 호텔, 호스텔들이 많은 편이다. 30유로 정도의 깔끔한 호텔, 15~20유로의 호스텔들이다. 중앙역을 기준점으로 삼아 북쪽으로 직진하여 타운 홀을 지나 성 안나 성당을 보고 조금 더 가면 카테드랄 스퀘어(가톨릭 대주교좌 대성당 광장)에 이르면 중심부에 간 것이다. 이 주위에 볼 곳이 많고 동쪽 게드미나르 대로는 파리 샹젤리제 거리를 연상하게 할 정도이다. 약 2㎞ 네리스 강변까지 가면서 오른쪽 공원 옆 성 베드로 바오로 성당(정교회)과 국회의사당을 볼 수 있다. 거리 표정을 잘 보면 발트 3국 중에서도 아기자기한 도시 설계에 매력을 느끼게 된다. 지하철과 버스, 트램이 있는데 중앙역에서 출발하여 성 베드로 바오로 성당까지 타고 가서 서서히 걸어오면서 세 십자가 언덕, 성채, 국립 박물관을 거쳐 카테드랄 스퀘어로 오는 것도 좋다. 여기에 맛집 식당과 맥도널드, KFC 같은 식당 등이 모여 있다. 창가 테이블에 자리를 잡고 대성당 종탑을 바라보는 즐거움을 느낄 수 있다.

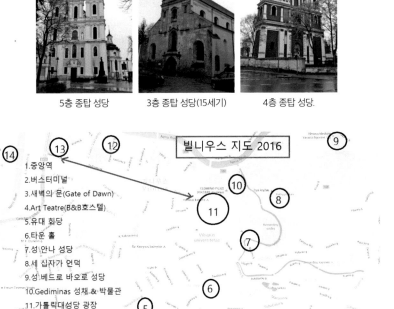

5층 종탑 성당   3층 종탑 성당(15세기)   4층 종탑 성당.

빌니우스 지도 2016

1.중앙역
2.버스터미널
3.새벽의 문(Gate of Dawn)
4.Art Teatre(B&B호스텔)
5.유대 회당
6.타운 홀
7.성 안나 성당
8.세 십자가 언덕
9.성 베드로 바오로 성당
10.Gediminas 성채 & 박물관
11.가톨릭대성당 광장
12.성베드로 바오로 성당(2)
13.국회의사당
14.리투아니아 정교회

지도 28. 빌니우스 관광지도. 지도 28에서 ⑪번과 ⑬번을 잇는 길이 중앙대로이다. 샹젤리제 또는 로데오 거리라 할 수 있다. ①번 중앙역 앞에서 모든 지하철, 버스, 트램이 있으므로 ⑨번 성 베드로 바오로 대성당이나 ⑬번 국회의사당까지 타고 가서 역 방향으로 걸어오며 구경하는 것도 좋은 방법이다. 교통 요금은 일률적으로 1유로. ④번 아트 극장은 외부에서 볼 때 허름한 극장 건물인데 영화, 패션 쇼, 음악회 등이 수시로 열리고 호스텔(B&B)이 있다. 조용한 분위기에는 맞지 않는다

리투아니아 가톨릭 교회의 본부 격인 빌리누스 대성당. 1430년대 공작의 묘지였다. 1783년 최초 건축되었고 1997년 네오 클래식 양식으로 개수. 성전과 종탑이 분리된 건축이다. 이 카테드랄 광장은 도시 중심이고 만남의 광장이며 국회의사당까지 '로데오' 거리를 이룬다.

동네 입구에 달걀 작품을 만들어 설치했다. 무슨 뜻이 있을 텐데, 알아보지 못하고 와서 후회막급이다. 유대 회당 동네이다.

도시계획의 모범 사례이다. 길을 만들어 주면서 건축을 하여 모두 만족할 수 있다.

218

빌리누스 유적 중 명물로 '흰 세 십자가상'이 있다. 13명의 프란치스칸 순교자들을 기리기 위해 1613년에 나무 십자가를 만들어 올렸는데 소련군이 진주하여 파괴했다. 1989년 콘크리트로 다시 만들어 바쳤다. 시내 전망이 좋다. 위치는 성채 맞은편 작은 공원 언덕이다.

작고 실용적인 국회의사당

유대 회당

다소 소박한 경찰서

아트홀(연극, 영화, 전시회) 및 호스텔 B&B

트라카이 성(Trakai Castle)

리투아니아 수도 빌리우스에서 서쪽으로 약 27㎞ 떨어진 곳에 '트라카이'라는 마을이 있고 성채가 있다. 14세기에 그 지역을 다스리던 케스투티스 공작의 개인 성인데 동유럽에서는 유일하게 호수 내 작은 섬에 지은 특이한 성이다. 미니 버스로 터미널에서 약 45분 걸린다(요금 1.8유로). 트라카이 버스 터미널에 도착하여 내린 후 약 2㎞를 걸어가야 한다. 30분 정도 거리인데 중간에 페닌슐라 성채가 하나 있고 더 가면 아름다운 정교회 성당과 가톨릭 성당이 있다. 두 성당 모두 14세기 전후에 성모마리아께 봉헌된 교회이다. 가톨릭 성당에는 성 요한 바오로 2세 동상이 세워졌다.

트라카이 성 외부 모습. 유사시에는 다리를 끊어버리면 방어에 유리하다.

트라카이 가톨릭 성당

현지인들이 중세 기사 복장으로 전투 장면을 시연하고 있다.

벨라루스와 폴란드

벨라루스 수도, 민스크(Minsk, Минск)

민스크 중심지에 있는 명소인 가톨릭 성 시몬과 성녀 헬레나 성당. 1908~1910년 건축됐다.

민스크 역 광장 앞 쌍둥이(앙상블) 복합 상가빌딩. 16~18세기 건축 양식. 1857년 완공. 벨라루스의 상징적 건축이다.

민스크 중앙역.

벨라루스는 영어로 Bela-rus, 러시아어로는 Бела-русъ이다. 즉 흰(White) 러시아라는 뜻이다. 예전에 대한민국 역사책에서는 "백러시아"로 번역해 썼다. 한동안 한글 표기를 벨라루시라고 썼는데 벨라루스 대사관에서 1991년 국호를 바꾸면서 "벨라루스"로 써 달라고 요청한 바 있다. 벨라루스는 국토 면적이 한반도 전체와 비슷하고 인구는 약 1천만 명이며 산악 지대가 적은 것을 감안하면 인구 밀도가 낮고 농축산업이 발달할 요건이 갖춰진 나라이다. 벨라루스는 현재도 바다가 없고 러시아, 라트비아, 리투아니아, 폴란드 및 우크라이나에 둘러싸인 내륙국이라 13세기부터 리투아니아, 폴란드, 독일, 러시아 등으로부터 핍박을 받은 역사가 있다. 더욱이 제2차 대전 기간인 1941년부터 종전까지 엄청난 인적 물적 손실을 입었다. 민스크 전쟁 기념관 자료에 의하면 무려 670만 명이 목숨을 잃었다. 전 국민의 절반 이상이 희생되었다는 뜻이다. 종전 후 소비에트 연방에 편입되어 사회주의를 하다 보니 60년 전 산업 생산 기술이나 지금이나 별 발전이 없어 보인다. 정치적으로는 러시아 연방이라고 자처하며 친러시아 정책을 펴고 있다. 러시아인은 무비자 입국인데 외국인 입국을 별로 환영하지 않는 분위기라서 비자를 요구한다. 비자 발급 요건도 까다롭고 관광을 안 하고 철도로 통과만 해도 48시간 "통과 비자"를 받아야 한다. 벨라루스 비자를 받으려면 여러 단계를 거처야 한다. 최근 러시아어를 배우려는 한국 유학생이 늘고 있다.

비자 받는 절차

- 벨라루스 대사관 홈페이지에서 비자 발급 신청서를 내려 받는다.
- 벨라루스 여행사나 친지, 대학, 기관 또는 호텔에 연락하여 "초청장"을 요청한다.
- 일반 여행자는 호텔 예약 시스템(예: Hotels.com)에서 호텔 예약을 할 때 초청장을 보내달라고 요청한다. 여행사에 투어 예약해도 된다.
- 여행사나 호텔에서 초청장이 오는데 꼭 예약한 날짜를 지정해 주고 공인 스템프를 찍어 보낸다.
- 서울 한남동 벨라루스 대사관을 평일 오전에 방문하여 기재 완료한 신청서에 사진을 붙여 제출한다.
- 수수료 60유로(급행은 120유로)를 시중 은행에서 입금(송금)하고 1주일 후 영수증을 가지고 가면 된다.(입금 구좌 번호를 알려 줌)
- 대사관 영사는 자국 호텔이나 여행사에서 확인해 준 날짜만큼만 비자를 내준다. 따라서 호텔 투숙일을 초과하여 추가로 체류하는 것은 불가능하다.

벨라루스 화폐. 최고액권이 200,000 벨라루스 루블인데 약 10달러 가치이다. (2016년 7월 이전 기준)

새 벨라루스 동전 미화 2루블은 1달러의 가치다. 2016년 7월 1일에 상용화되었다.

숙박 & 관광과 교통

벨라루스 수도 민스크는 인구 약 200만 명의 대도시이다. 사용 언어는 러시아어라서 러시아어를 전혀 모르고는 배낭 여행이 매우 어렵다. 키릴 문자인 간판이나 지도를 읽을 수 없다면 곤란해질 수 있다. 따라서 가이드가 있는 패키지 단체 여행이나 안내자가 있어야 한다. 숙소 역시 사회주의 국가답게 호텔에서부터 여권을 철저히 검사한다. 따라서 다른 호텔에 그냥 가서 숙박은 어렵다. 요즘도 국가 기관에서 외국인 동태를 감시하는 느낌이다.

벨라루스에서는 공짜 지도가 없다. 호텔에서도 없다. 직원에게 지도를 어디서 구하냐고 물어도 모른다고 한다. 왜 지도를 달라는지 이해를 못 한다. 밖에 나가서 물어물어 가판점에서 5천 루블 주고 한 장 샀다. 영어판은 없고 러시아어로만 되어 있다.

벨라루스 구 화폐: 미화 1달러가 약 20,000 벨라루스 루블이었다. 유료 화장실도 5천 루블 받았고 버스 요금도 5천 루블. 환전은 쇼핑센터나 환전상 표시가 있다. 역이나 공항에서 택시를 타려면 초보영어나 러시아어로 주소를 보여주고 흥정해야 한다. 이들은 달러나 유로를 받는데 바가지 안 쓰면 행운이다. 환율이 엄청나게 높아서 루블화 지불할 때 혼란이 왔다.

벨라루스 신 화폐: 2016년 7월 1일 이후 여행자는 새로운 경제 환경을 맞이하게 된다. 지나친 화폐 액면가 상승으로 인한 불편을 해소

하고자 액면가를 1/10,000로 축소(Denomination) 단행했다. 이는 화폐 개혁이 아니고 액면 단위만 줄인 것이다. 단돈 1BLR(벨라루스 루블)이 0.5 미국 달러, 우리 돈 약 600원 가치가 있게 되었다.

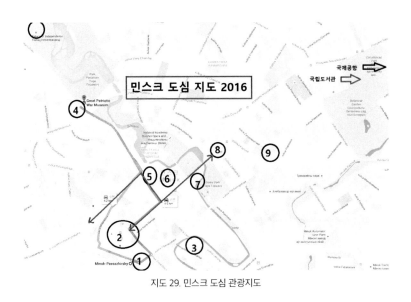

지도 29. 민스크 도심 관광지도

①번 벨라루스 역은 복잡하다. 지하철, 지하도와 연결되어 있어서 주의해야 한다. 지도에서 역 오른쪽에 버스 터미널이 있고 조금 더 가면 시내 버스 정거장이 있다. 버스 번호를 모르면 안 되므로 젊은 행인에게 도움을 청하는 것이 좋다.

②번은 서울 광화문 광장 같은 곳으로 레닌 상이 있는 공산당 본부로부터 행정 기관이 모여 있는 넓은 광장이다. 첫 페이지에 수록된 가톨릭 성당(빨간색 벽돌 건물)이 보인다. 이 성당은 2000년 일본 우라카미 대교구에서 원폭 피해(1945년 8월)를 입은 기념으로 평화의

종을 지어 기증했다. 벨라루스는 원폭 피해는 없지만 체르노빌 원전 사고 위치가 국경 지대라서 간접 피해를 입었기에 유대 관계를 갖게 된 듯하다. 대한민국이나 중국에 피해를 준 가해국인데 반성은 없고 피해자 운운하는 것이 좀 맘에 걸린다. 성당은 아주 예쁘고 잘 지었다. 벨라루스 국민은 약 80% 정도가 벨라루스 정교회 신자이고 약 20% 정도가 가톨릭이다. 여타 유대교 등은 있어도 존재가 없는 정도이다.

③번은 콘서트 홀이다. ④번은 좀 멀지만 걸어갈 만하다. 국립 전쟁기념관 겸 박물관이 있는 전승기념지이다. 제2차 대전 때 소련군과 함께 독일전을 치른 기록들이 생생하게 보존되어 있다. 전투기, 전차, 트럭, 야포 등 실물을 전시했다. 5월 1일은 노동절이고 5월 9일은 전승 기념일이라 벨라루스 국기로 거리 장식이 화려하다.

⑤번은 지하철역 뻬레호그 주변인데 정교회 성당과 수도원이 있는 명소이다. 서울 명동 성당 주변 비슷하며 관광객과 젊은이들이 많이 모이는 장소이다.

⑥번은 가톨릭 주교좌 대성당이 있는 위치이다. 성모마리아께 봉헌된 성당으로 예수회에서 1680년 땅을 사서 학교와 수도원, 성당을 지었다. 교구에 기증했다. 대성당 답게 아름답고 거룩한 성당이다.

⑦번은 서커스 극장이다. 매일 하는 것이 아니고 주 4일 정도 낮과 저녁에 한다. 입장료는 약 1만 원~2만 원 선이다.

⑧번은 충혼 탑이다. 로터리 지하도 공간에 전몰자 명단이 있는 조각도 있다. 국가를 위해 헌신한 사람들을 추모하는 분위기는 부럽다.

⑨번은 공원 뒤 벨라루스 정교회 대성당이다. 이 외에도 국립도

서관과 국제공항은 화살표 방향으로 더 가는데 도서관은 약 5분, 국제공항은 약 40분 차로 가야 한다. 택시 요금은 미화 20달러이고 ①번 버스터미널에서 공항버스를 타면 미화 2달러(4 BLR)로 갈 수 있다. 지도에서 ②, ⑤, ⑦, ⑧번 직선 표시는 도보 관광하기 좋은 코스이다.

사회주의국가 체제하에서 살아온 사람들은 공권력을 두려워한다. 그래서 여행자 입장에서는 치안이 안전한 편이고 맥도널드 같은 서구 식당도 많다. 한국제 전자제품과 차량도 눈에 자주 띄고 한국인에 대한 이미지도 좋다. 벨라루스엔 미녀가 많기로 정평이 나 있다. 젊은 여성들이 모델 선망도가 높아서 어려서부터 가꾼다고 한다.

가톨릭 대성당 파이프 오르간. 정교회에서는 악기를 안 쓰기 때문에 벨라루스에서는 보기 어려운 악기이다.

국립도서관

민스크 가톨릭 주교좌 대성당

사회주의 국가에서는 흔히 보이는 충혼탑

벨라루스에 입·출국하기

벨라루스는 외국인 입·출국이 까다롭다. 육로 입국 경험이다. 발트 3국 맨 아래 국가인 리투아니아 수도 빌리누스에서 벨라루스 민스크 행 국제 버스표를 예매했다. 경로 우대표(할인가격 12.8유로)를 만들어 준다. 거리 약 160㎞인데 약 4시간 소요된다고 하여 의아하게 생각했는데 국경 검문소에 와서야 그 의문이 풀렸다. 리투아니아 국경검문소(Passport control)에서는 출국 도장만 찍으면 되니 신속하다. 벨라루스는 비EU 국가인 점을 감안해도 사회주의 국가의 진면목을 보았다. 국경 검문소에 다다르니 모든 승객은 각자 짐을 들고 내려야 한다. 입국 신고서를 작성하여 줄을 서면 오래 걸린다. 내 차례가 와서 여권을 내주니 뭐라고 그런다. 이럴 때는 서툰 러시아어를 쓰지 말고 나는 외국인이고 러시아어를 모른다는 의미의 영어로 되묻는다. "텔미 잉그리쉬 플리즈, Tell me English, Please!" 하니까 미녀 직원이 자기가 알아서 입국 신고서에 뭔가 써넣는다. 아마 미기재 사항이 있었던 모양이다. 러시아어 못하는 동양 남자와 시비해 봐야 뒤에 선 입국자들로부터 불평이나 받을 것이니 아예 상대 안 하고 자기가 수고를…(스빠씨-바!). 여권 심사 통과하고 나니 짐 보안 검사가 있다. 엑스레이 투과 검사를 하고도 시각 검사를 또 한다. "배낭 두 개를 모두 개봉하라"는 것이다. 별수 없다. "오케이!"를 연발하며 배낭을 열고 소지품을 들어냈다. 기분 나쁜 것은 여직원은 배낭 소지품을 일일이 확인하고 남자 직원은 보안 측정기로 내 팔, 어깨, 등, 허벅지, 옆구리를 연신 쓰다듬는다. 여자들은 더 기분이 나쁘겠다. 철저히 검사한다는데 할 말이 없겠으나 무슨 테러범 조사하듯 하는 행동이 거슬린다. 승용차를 타고 온 사람은 차를 못 나가게 장애물로 막아 놓고 트렁크를 개봉하고 수색한다. 사회주의 국가는 개인을 일단 혐의자로 간주하고 대하는 것 같았다. 북한 생각이 난다. 이렇게 벨라루스 입국에 2시간이나 걸렸다.

출국은 상대적으로 간소하지만 여권과 비자를 꼼꼼히 본다. 이번엔 민스크 공항에서였다. 행여 비자 일자보다 하루라도 더 체류했는가를 검사하는 것이다.

민스크에 공항이 2개 있다. 시내버스에서 공항(Aeponopt)이라고 쓴 행선지는 터미널 1인데 폐쇄된 구 공항이다.

터미널 2는 지도 29의 ①번 버스터미널에서 출발하며 민스크 시외 동쪽 약 42㎞에 있다.

229

제5부

폴란드

그 아픈 과거를 딛고
미래로, 평화의 나라로

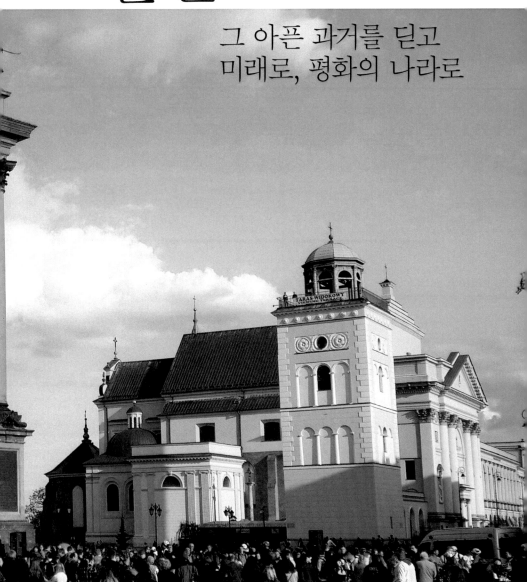

　폴란드는 북쪽으로 발트해와 러시아에 접해 있다. 동쪽으로 리투아니아, 벨라루스, 남쪽으로 우크라니아, 슬로바키아, 서쪽으로 체코와 독일에 둘러싸인 국가이다. 자연히 세계 대전의 전장터가 되어 10세기 이래 영욕이 점철된 나라이다. 특히 나치에 의해 수백만 명의 국민이 목숨을 잃었다. 우리에겐 냉전시대에 바르샤바 조약(1955년)으로 기억되는 먼 나라였다. 당시 NATO에 대항하기 위해 소련을 중심으로 맺어진 군사 동맹이지만 1991년 개혁 개방 후 소멸된 조약이다. 폴란드 사람들은 약 90% 이상이 가톨릭 신자이다. 이들은 온갖 압박에도 러시아정교회의 서방 진출을 저지했다는 자부심을 가지고 있다. 실제로 폴란드에 가 보면 성 요한 바오로 2세 전 교황이 폴란드 출신인 것이 그냥 이뤄진 것이 아니라는 확신이 든다. 폴란드는 국토가 약 31만 평방 킬로미터로 한반도의 1.5배이고 인구도 약 4천만 명인데 러시아나 인근 국가에 살고 있는 사람을 포함하면 5천만 명은 될 것이다. 폴란드는 군사력이 15만 명으로 중유럽 국가치고는 많은 편이다. 유엔 평화유지군 임무 등 해외 파견 병력이 2만 명이나 된다. 1990년 조선 노동자 바웬사에 의하여 민주화를 이루었다. 최근 한국 대기업(자동차, 전자 등)들의 진출로 한류 위상이 높아가고 있다.

바르샤바(Warsow, Warszawa)

바르샤바 중앙역. 버스터미널도 이곳에 있고 뒤쪽에 문화과학 궁전이 있다.

구시가지 도로. 바르샤바 대학교와 성 십자가 성당 거리.

폴란드 수도 바르샤바는 인구 약 180만 명의 큰 고도古都이다. 제2차 대전 말기에 거의 완파되었으나 대부분 복구, 복원하였다. 폴란드는 EU국가이면서도 화폐는 자국 화폐 "즐로티"를 쓴다. 따라서 환전해야 하는데 중앙역으로 오면 환전상이 많아서 유리하지만 공항으로 입국시 공항 환전소 환율이 매우 불리하므로 당장 쓸 소액(약 미화 20달러 정도)만 환전하는 것이 좋다. 1달러는 약 3.5즐로티 정도이고 캔맥주(0.5 리터)가 2즐로티이다. 바르샤바 사람들은 러시아에 대한 감정 앙금이 남아 있지만 거리에서 상업하는 사람들은 영어보다 러시아어를 잘 이해하는 현실이다. 구시가지에 가면 영어 소통자가 많다. 혹시 길을 물으면 "저도 외국인인데요?" 하기 일쑤이다.

숙박 & 관광과 교통

바르샤바에서 무엇을 볼 것인가? 일단 구시가지로 가야 한다. 가는 길목에 바르샤바대학교가 있고 바로 앞 광장에 코페르니쿠스 동상이 있고 성 십자가 성당이 있다.

시내 교통은 지하철, 버스, 트램이 충분하다. 승차권은 대개 정거장 자동 판매기에서 산다. 탈 때마다 운전기사에게 직접 사면 비싸고 번거로우므로 몇 장을 미리 사 두는 것도 좋다. 승차했으면 얼른 자동 검표기에 표를 넣고 드르륵 검표를 해야 한다. 간혹 승차 검사도 하지만 승객 한 사람 한 사람이 다 주시하고 있다. 대한민국 국민이 당당히 내고 타는 것이 좋다. 약 3즐로티이다. 공항에서 시내 구시가지 입구까지 오는 175번 버스의 경우 사실상 공항버스라 저렴하고 편리하다. 요금은 4,4즐로티인데 70분간 무제한 환승 가능하다. 구역(ZONE)별로 요금이 다르므로 확인하고 사야 한다. 단기 여행자는 일단 구시가지로 가면 걸어서 충분히 볼 수 있고 매일 짐코비 광장(오빌리스크)에서 10시에 무료 워킹 투어(Walking Tour)가 있다. 영어가 능숙한 젊은이가 맡는데 한 바퀴 돌면 약 2시간 걸린다. 끝날 때 선술집에서 보드카와 빵을 대접해 준다. 그 대신 팁은 필수! 다만 좁은 의미의 구시가지만 순례하므로 성벽을 더 보거나 신시가지 쪽 퀴리 부인이 살던 동네 성당과 수녀원을 보려면 개별적으로 가야 한다. 숙소는 관광도시니만큼 성수기가 아니면 예약이 어렵지 않다. 구시가지 호스텔 기준 독방 30유로, 공동 침대 15유로 선이다.

오스트리아에 모차르트가 있다면 폴란드에는 쇼팽이 있다. 쇼팽 박물관은 기념관 성격으로 유품은 피아노와 악보 사본 정도밖에 없다. 일종의 아카데미를 운영하고 있는데 쇼팽의 생가였다는 점에서 전 세계 음악 마니아들이 쇄도한다. 특히 주말이나 휴일엔 자녀들과 함께 오는 이들이 많다. 전자 악보로 쇼팽 곡을 들어보고 학습할 수 있다.

바르샤바 최고의 명소인 ⑪번 잠코비(Zamkowy) 광장으로 가면 오 빌리스크가 있고 꼭대기에 지그문트 3세 동상이 있다. 당시 스웨덴 왕을 겸하고 있었는데 1596년 수도를 크라쿠프에서 바르샤바로 긴 장본인이다. 늘 시민과 관광객이 넘친다.

바르샤바는 며칠 묵어 볼 곳이 많은 폴란드 수도이다. 밤에 산책 해도 야경이 아름답다. 바르샤바의 밤… 아이스크림 먹으며 성 십 자가 거리를 걸어보자.

✔️ 폴란드어 팁

폴란드어는 서부 슬라브어로 분류된다. 오래전부터 키릴 문자 대신 로마(라틴어) 문자를 써 왔는데 알파벳이 32자나 된다. 특히 생소한 문자 2개를 들어본다.

W는 V로 읽는다. 그래서 도시 이름 Warsawa를 바르샤바로 읽고 Krokow를 크라쿠프로 읽는다. L 과 Ł을 구별한다. 앞 L은 "엘"로 영어와 같은데 중간에 막대기를 넣은 Ł은 "우" 발음이다. 버스표나 박물관 입장권에 화폐 단위로 ZŁ이라고 표기되어 있다.

ZŁOTY의 약자로 "황금"이란 뜻이고 "즈워티"라고 읽는다. 만일 "3 ZŁ"이면 "트리 즈워티"이다. 러시아 지배를 받은 기간이 길어서인지 비슷한 단어가 많다. 다른 예를 들면 "화장실이 어디 있습니까?는 "그지에 예스뜨 토알레타?"이다. 러시아어 "그지에 뚜알렛타?"와 거의 같다. 1인칭 "나"는 "야"로 문자는 달라도 발음(Ja와 Я로)이 같다.

노벨상 수상자 퀴리 마리아 동상

중앙광장, 화가들이 전시품을 팔고 있다.

퀴리 여사가 살던 동네 성당

쇼팽 생가 박물관 겸 음악원

237

옛 왕궁과 현 대통령궁 야경

과학자 코페르니쿠스 신부가 성 십자가 성
당을 바라보고 있다.

샤스키 공원 앞 광장. 성 요한 바오로 2세
선종시 수십만 명이 모여 추모미사 드린 곳

짐코비 광장. 휴일엔 무료 공연도 많다.

아름다운 바르샤바 성당과 호텔 야경

샤스키 공원. 무명용사 기념비가 있다.

문화과학 궁전. 높이 37층 234m. 1955년. 스탈린 양식(해방 기념 선물

폴란드- 그 아픈 과거를 딛고 미래로, 평화의 나라로

크라쿠프(Krocow, Krakow) ─────────────

구 역사. 신 역사 옆에 있다.

크라쿠프 리넥 광장에서 본 전경

신 크라쿠프 역사. 쇼핑센터와 복합 건물이다.

바르샤바 남쪽 옛 고도인 크라쿠프는 8세기부터 건설된 도시이다. 열차나 버스로 약 3시간 거리에 위치한 폴란드 제2의 도시이며 인구 약 80만 명이다. 이 중 약 20만 명이 대학생이다. 1596년 바르샤바로 수도를 이전하기 전까지 500년 수도였다. 더구나 다른 도시와 달리 제2차 세계대전 같은 전쟁이 참화를 비껴갔기 때문에 중세 건축, 유적이 잘 보존된 곳이다. 유네스코가 지정한 세계 12대 문화 유적이기도 하다. 바르샤바보다 역사도 오래되고 더 아름답고 의미 있는 도시이다. 로마에서나 볼 수 있을 법한 장중한 대성당도 있다. 특히 폴란드에서 가장 오래 된 '야기엘론스키 대학교(1364년)'가 구시가지에 있다. 이 대학은 중세 명문으로 지동설을 주장했던 '니콜라이 코페르니쿠스 신부'와 '성 요한 바오로 2세 교황'이 이 대학교 출신이다. 크라쿠프 인근에 악명 높은 '아우슈비츠 수용소'와 '비엘리츠카 소금 광산'이 있다. 성 요한 바오로 2세 고향인 '바도비체'도 있다. 반경 100㎞ 이내에 명소가 많은 것도 크라쿠프의 장점이다. 2016년 7월 20일~31간 크라쿠프에서 세계청년대회가 개최되었다. 3년마다 열리는 신앙인들의 대축제인데 '프란치스코 교황'을 비롯, 세계 180개국 각지에서 약 200만 명의 청년들과 순례자들이 모여 '주님의 자비'를 주제로 신앙대회를 가졌다. 올림픽이나 월드컵 축구 못지않은 지구촌 축제였고 덕분에 크라쿠프는 인산인해 북새통을 이루고 있다.

숙박 & 관광과 교통

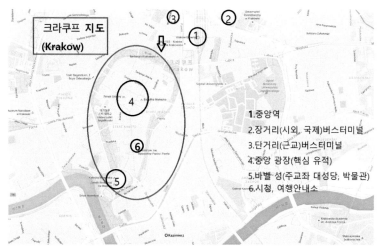

지도 31. 크라쿠프 관광지도

크라쿠프는 큰 도시이다. 트램, 버스가 많고 구시가지는 걸어서
다닐 수 있다. 호텔은 비싼 편이고 너무 저렴한 호스텔(약 10즐로티, 약
4천원)은 장기 투숙 외국 노동자가 많아 피하는 것이 좋다. 고풍스런
주택형 호스텔(Mama's hostel, Mama's double)도 좋다.

지도 31에서 ①번 쇼핑몰과 함께 있는 크라쿠프 역은 매우 크다.
남쪽으로 나오면 구시가지 방향이고 북쪽으로 나가면 시외(국제) 버
스터미널이다. 앞쪽으로 나와 길 건너 오른쪽으로 가면 주차장 같
은 근교 ③시외 버스터미널이 있다. 공원을 통과하여 ②번 구시가
지로 들어오면 ④리넥 광장이 펼쳐진다. 주말에는 노천 시장이 열

려서 축제를 이루는 큰 광장이다. 먹거리와 수제품, 미술품 등 바자회 같은 풍경이 벌어진다. 크라쿠프의 핵심이다. 성모 마리아 성당, 야기엘로스키 대학교, 길드 조합(중앙 시장)이 있고 남쪽 ⑤번은 바스라 강가에 자리 잡은 바벨 성이 있다. 대성당, 박물관, 지그문트 종, 수도원, 성벽 등이 조화롭게 배치되어 있다. 다 보려면 입장권을 3장 사야 한다.

리넥 광장 성모 마리아 성당.

지그문트 종

크라쿠프 바벨성 안에 있는 대성당. 16세기 건축으로 왕의 대관식과 장례식도 이곳에서 열렸다. 2006년 항공 사고로 사망한 카친스키 대통령 부부도 이곳에 묻혔다. 앞에 작은 황금색 돔으로 된 지그문트 카펠(소성당)은 화려하기로 유명하고 대성당 종탑에 거대한 지그문트 종이 있다. 중량 9.65톤에 F# 음을 30㎞ 울린다. 지그문트 1세 왕(1499-1548)은 건축과 조각에 조예가 깊었다. 이태리 명장들을 초빙하여 바벨성 대성당과 지그문트 종 등을 완성했다.

243

아우슈비츠(Auschwitz, Oswiencim) 수용소

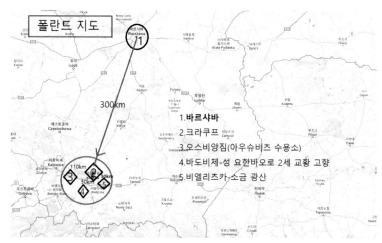

지도 32. 폴란드 관광지도

1.바르샤바
2.크라쿠프
3.오스비앙짐(아우슈비츠 수용소)
4.바도비체-성 요한바오로 2세 교황 고향
5.비엘리츠카-소금 광산

"노동이 자유롭게 하리라." 수용소 정문에 독일어로 붙어 있다. 일하러 정문을 나설 때 재소자들은 기분이 좋아서 나갔다. 최소한 오늘 하루는 생명을 보장받았기 때문이다. 유대인으로 구성된 관악대가 행진곡을 연주해 주고 무사히 일하고 자유를 누리도록 축복해 주었다. 이들은 자급을 위한 채소 작물 농사를 교대로 지었다. 사진은 방문객들이 헤드폰을 끼고 해설을 들으며 견학하는 중이다.

이중 전기 철조망

수용소에 걸린 어린 여자아이들 옷. 어린이들이
무슨 죄가 있을까.

독가스실. 지금은 모두 살아 나온다.

가장 희생자가 많았던 유대인 추모비

수시로 집행된 교수대

245

아우슈비츠는 오래전 국민학교 때부터 배운 유대인 600만 명을 벌레 죽이듯 저지른 인류의 수치, 독일 나치의 소행이다. 이 악명 높은 아우슈비츠가 폴란드 남쪽 도시 크라쿠프에서 서쪽으로 불과 60여 ㎞ 근처인 것을 안 것은 여행계획을 짜면서부터였다. 호기심이 아니라 성경, 특히 요한 수난기에 예수님을 죽이려고 유대 수석 사제들이 빌라도에게 "우리가 잘못하는 것이라면 후대손손 핏값을 치르겠다"는 성구가 생각나서였다. 버스로 약 70분 거리인데 관광객들이 넘쳐났다. 단체 손님은 교육 차원이라 입장이 무료지만 화장실 1.5즐로티, 가방이나 점퍼 등 겉옷 보관 3즐로티 등 약 2천원은 기본이다. 개인 탐방은 애로가 있다. 박물관 개념인데 언어권별로 헤드폰을 빌려준다. 영어, 독어, 불어, 러시아어 등이 있으나 동양어는 없다. 아우슈비츠는 독일인들이 붙인 명칭이고 원명은 오스비엔짐이다. 탐방 후 한마디 떠올랐다.

"주님, 그때 어디에 계셨습니까?"

NEARLY 6,000,000 JEWS MURDERED IN THE HOLOCAUST

Austria	65,000
Belgium	24,964
Bohemia & Moravia	78,150
Bulgaria *	11,344
Denmark	116
Estonia	2,000
Finland	7
France	76,000
Germany	165,000
Greece	54,000
Hungary *	565,000
Italy	8,156
Latvia	71,500
Lithuania*	220,000
Luxembourg	1,950
Libya	600
The Netherlands	102,150
Norway	738
Poland	2,930,000
Romania *	380,000
Slovakia	70,000
Soviet Union	
- Belarus	233,000
- Ukraine	532,000
- Russia	70,000
Tunisia	250
Yugoslavia	45,000

* Łącznie z Żydami z terenów włączonych do Rzeszy lub okupowanych

* המספרים כוללים יהודים מהשטחים הכבושים או המסופחים

* The numbers include Jews from annexed or occupied territories

희생된 유대인 600만 명을 국가별로 분류한 자료(아우슈비츠), 폴란드가 제일 많다.
이 수용소는 원래 나치가 지은 것이 아니다. 정정이 불안했던 폴란드 정부가 반체제 인사들을 수용하기 위해 한적한 곳에 지은 교도소 시설이다. 이를 나치가 유대인과 자본주의자, 공산주의자, 체제 반대자, 집시 등을 제거하기 위해 증축한 인간 처형장이다. 성인이 된 콜베 신부도 아사방에 갇혀 의로운 죽음을 맞이했다. 죄 없는 어린이들까지 제거 대상이었으니 참으로 용서받지 못할 일을 나치는 자행했다. 2016년 6월 현재 독일에서는 94세 노인 재판이 있었다. 나치 SS 경비병으로 아우슈비츠에서 근무한 노인에게 징역 5년을 선고했다. 인류 흉악범은 용서가 없다. 1945년 연합군(미국)에 의해 이 수용소가 해방된 후 수용소장을 잡아 교수대에 목매달아 사형시켰다. 지구 상에 다시는 이런 비극이 있어서는 안 되겠다.

크라쿠프는 인근 100㎞ 이내에 꼭 보아야 할 명소가 세 곳이나 더 있다

지도 33. 크라쿠프 지역 관광지도

크라쿠프에 숙소를 정해 놓고 하루는 아우슈비츠 110㎞에 다녀오고 다음 날 바도비체 50㎞(성 요한 바오로 2세 전 교황 고향)와 비엘리츠카 15㎞(소금 광산)를 볼 수 있다. 아우슈비츠와 비엘리츠카에도 뷔페 식당 등이 여러 곳 있다. 아우슈비츠와 바도비체 및 비엘리츠카 행 버스 차편은 크라쿠프 지도 ③에서 있다. 표를 예매하지는 않고 버스 기사에게 직접 낸다. 크라쿠프는 최소한 2박 3일 여정을 계획하는 것이 바람직하다. 아우슈비츠에 수용소 두 곳이 있다. 위 수용소는 제1수용소이고 제2수용소는 비르케나우(Birkenau)라는 죽음의 문이 있는 곳이다. 이 철도는 죽음의 철길이다. 두 곳 모두 유네스코 인류 문화 유산으로 지정되었다.

제2수용소 비르케나우. 이 철도는 죽음의 철도였다.

독일 친위대(SS)가 지하 독립운동가들을 고문하고 처형하던 곳이다. 1947년 4월 종전이 되어 폴란드 전범 재판에서 이 수용소 소장(루돌프 훼스)을 교수형시킨 곳이기도 하다. 그 이후로 교수대가 아직 남아 있다.

✔ 현지 여행사 팁

배낭 여행을 가더라도 도심에서 벗어난 다른 도시(마을)에 갈 때는 시간과 시행착오를 줄이기 위해서 현지 여행사를 선택하는 것도 필요하다. 예를 들어서 크라쿠프에서 오스비엔짐(아우슈비츠)에 갈 때 혼자 110㎞ 가는 버스를 타고 가도 되지만 개인 입장은 시간 제약(단체 방문자 우선)이 있고 입장권도 사야 한다. 그러나 단체 방문자는 교육 목적 "견학"으로 간주하여 무료 입장이다. 그래서 여행사 단체 관광을 예약하면 편히 왕복할 수 있는데 문제는 요금이다. 호텔이나 호스텔에서 주선하는 요금은 대략 140즐로티인데, 구시가지 중심부에서 바벨 성 가는 길에 선물가게와 함께 시립 여행사(Local travel Agency)가 있다. 여기서는 65즐로티이다(약 2만4천 원)

비엘리치카(Wieliczka, Salt Mine, Kopalnia Soli, 소금 광산)

소금 광산 지역 입구 박물관(채굴 장비 전시)

소금 광산 현장 입구.

비엘리치카 가는 길은 크라쿠프에서 멀지 않다. 약 15㎞ 정도로 역 앞 시외 버스터미널에서 수시로 있다. 중형 버스 요금 3즐로티(약 1천원)인데 비엘리치카가 종점이 아니기 때문에 운전 기사나 옆 사람에게 "비엘리치카?" 하고 물어보고 내려야 한다. 별도의 비엘리치카 안내 광고판이 없다. 버스 정거장에서 내려서 뒤로 몇 보 가면 왼쪽으로 내리막길이 있다. 시내 중심지로 가는 길인데 찻길을 건너 공원 같은 곳에 성당이 보이면 다 온 것이다. 소금 광산 지역 입구의 건물은 작은 박물관이고 오른쪽엔 성당이 있다. 이 성당을 지나 오른쪽으로 약 300m 더 가면 소금 광산 유적이 나온다.

이 소금 광산은 6천 년 전부터 암염을 채취했고 국가 재정의 큰 몫을 차지했다. 갱도 길이 수백 ㎞이고 지하 135m를 내려가면서 계단이 800개나 된다. 개장 이후 약 3,600만 명이 왔다. 안전상 개인 답사는 안 되고 언어별로 그룹을 지어 가이드의 안내를 받아야 한다. 단독 투어는 할 수도 없고 허용되지 않는다. 사진은 자유롭게 찍지만 워낙 어두워서 좋은 사진 기대하기는 어렵다. 약 3㎞에 3시간 걸린다. 조명등도 없고 산소가 희박한 고된 노동으로 하루에 6시간만 노동하였고 노예가 아닌 자유민을 채용했다. 전성기(17세기)에는 약 800명이 일했다. 입장료는 89즐로티(약 3만5천원)으로 매우 비싼 편이다. 운영은 하절기엔 07:30~19:30시, 11월~3월 동절기엔 08:00~17:00시까지이다. 매점과 식음료, 기념품 파는 가게가 두 군데 있다.

비엘리츠카 대성당에서는 5월 3일 국경일에 퇴역 장병들이 정장 차림에 부대 깃발을 들고 행진하여 입장한다.

본당 성가대 참례. 파이프 오르간도 있다.

비엘리츠카 광산 본부. 현재는 박물관이다.

최후의 만찬, 지하 100미터 킹스 교회. 소금 벽화가 아니고 소금 벽에 그대로 조각한 것이다.

지하 통로도 소금 벽돌 포장을 했다.

요셉과 성모님이 아기 예수와 이집트로 피신하는 모습을 소금으로 조각했다.

지하 격실. 1649년 완공됐다.

바도비체(Wadowice)

바도비체는 성 요한 바오로 2세 교황 (1920~2005)께서 태어나고 자란 도시이다. 주교좌 대성당은 18세기 바로크 양식으로 건축되었다. 은총의 동정 성 마리아께 봉헌된 성당이다. 교황님의 본 이름은 '카롤 보와티야 (Karol Wojtyła)'이고 이 본당에서 세례받았다. 2차 대전 중에 비밀 신학교에서 공부하여 1946년 사제가 되었고 1978년 교황이 되어 세계 129개국에 평화를 심었다. 대한민국에도 1984년(103위 성인 선포)과 1989년(성체대회)에 오셨다. 2014년

대성당 파이프 오르간. 비교적 신형이고 오르간 옆에는 성 요한 바오로 2세 교황 초상, 아래에는 역대 성인 초상이 걸려 있다. 특이한 모습이다.

바도비체는 크라쿠프에서 남서쪽 불과 50㎞ 정도에 있는 작은 도시이다. 크라쿠프 역 앞 버스터미널에서 수시로 버스(요금 8즈위티)가 있고 약 1시간 걸린다. 바도비체는 물론 폴란드인들은 성 요한 바오로 2세에 대한 사랑과 공경심이 대단하다. 전국 거의 모든 성당에 그 분 동상이 세워져 있고 정신적 지주라고 할 수 있다. 아버지 때부터 살던 성당 옆 생가는 바도비체 시에서 전용 박물관으로 운영한다. 입장료 22즐로티(학생, 경로 우대 15즐로티)이고 박물관은 입장권에 시간이 적혀 있어서 그 시간에 가야 한다. 주로 옛 사진이고 유품은 적다. 반드시 가이드가 안내하고 사진은 못 찍는다.

박물관 이전의 생가 모습

성 요한 바오로 2세 박물관, 성당 바로 옆에 집을 짓고 살았다.

바도비체 버스터미널

바도비체 성채 타워 게이트

폴란드- 그 아픈 과거를 딛고 미래로, 평화의 나라로

성공적인 배낭 여행을 위한 팁

젊은이든, 장년이든 배낭 여행을 떠나면 부모나 자식이 걱정하는 것은 당연하다. 누구나 안전하고 즐겁게 여행하고 귀국하기를 소망하지만 세상만사 뜻대로 되지는 않는다. 예로부터 성지 순례나 먼 여행은 목숨 걸고 다녔다. 스페인 산티아고 데 콤포스텔라 순례길이 아니더라도 예루살렘 순례는 수백년 동안 이슬람 군대나 산적들에 의하여 죽거나 다 털리기 일쑤였다. 그래서 십자군 전쟁이 벌어졌다.

21세기엔 어떨까? 많이 좋아졌지만 유럽에는 집시족들이 여전히 성업(?) 중이고 중남미 국가들에서 백수 청년 두서너 명 중 하나는 잠재 도둑으로 보면 될 정도이다. 러시아는? 좀 낫다. 본문에 언급했듯이 사회주의 국가는 공권력이 엄하고 통제가 심해서 범죄가 일어날 확률은 낮다. 칠레 같은 나라는 지금도 범죄자는 경찰서에 끌려가 죽도록 맞는다고 한다. 러시아에서는 간혹 빡빡머리 청년들이 떼지어 다니며 외국인을 공격했다는 뉴스가 있지만 그들도 이성이 있는 사람들이다. 자기들 일자리를 뺏으러 온 사람들을 향한 분노이지 자기 나라에 돈 쓰러 온 관광객을 괴롭히지는 않는다. 필자도 철도 여행 중에 여러 번 질문을 받은 적이 있다. "라보따엣, 뚜리스뜨?" 하는 질문이다. "일하러 왔느냐, 관광하러 왔느냐?" 하는 질문이다. 일하러 왔다고 하면 눈빛이 달라지고 무시하는 듯한 태도지만 관광객이라고 하면 온화한 미소로 대화가 이어진다.

러시아에서 오래 산 유학생 출신자 증언에 의하면 심야에 급한 연락(통역 요청)을 받고 달려 나가보면 한국 관광객들이 사고를 당한 현장이고 그 원인이 반드시 있더라고 한다. 즉 부적절한 시간에, 부적절한 장소에서, 부적절한 언행을 했기에 사고를 유발한 것이라는 경험이다. 대부분의 사고 당사자는 해외에 나가면 우쭐해지고 러시아를 가난한 사회주의 사람들이라는 선입감을 가지고 대하는 경우가 있다. 선량한 관광객, 특히 남자들의 경우 기본 수칙만 잘 지켜도 안전할 수 있다.

그런데도 사고는 일어난다. 나의 불찰은 없을 수도 있으나 이 또한 대부분 피할 수 있는 피해임이 대부분이다. 보험 가입하고 갔는데 아무 사고 없이 다녀왔다고 하여 아까워할 것이 아니다. 오히려 감사히 생각해야 한다. 이해를 돕기 위하여 몇 사례를 소개함으로써 도움이 되고자 한다.

Q1: 해외여행자보험은 가입이 필수인가요?
A1: 필수로 가입해야 합니다.
스페인 산티아고 순례는 프랑스길이 약 800㎞이다, 프랑스 남부 생장이라는 작은 마을에서 출발하면 첫날 피레네 산맥을 넘는데 여기서 대부분 좌절을 맛본다. 첫날 무리하기도 하고 약 30㎞ 산길을 배낭 지고 넘는 것이 쉽지 않기 때문이다. 어느 부부가 기세 좋게 순례길을 시작했다. 이른 아침이라 이슬 먹은 풀들이 양 길옆에 누워 있다. 부부는 맨땅을 걷지 않고 촉감을 즐기느라고 풀길을 걸었다. 그러다가 풀 속에 감춰진 구멍(쥐 구멍이든 자연 홀이든)에 한쪽 발이 빠졌다. 사람이 걷다 보면 관성이 있어서 발목이 빠졌지만 몸은 앞으로 기울고 배낭 무게 때문에 중심을 못 잡는다. 한쪽 발이 안 빠지는데 몸은 앞으로 나가니 고꾸라진다. 그래서 발목이 부러진 사고. 순례길은 인대가 조금 늘어나도 못 걷는다. 언어도 안 되고 행인도 없고 무원고립 상태에서 큰 사고가 난 것이다. 천만다행으로 프랑스에 나와 있는 한국 수녀님과 연락이 닿아 달려왔다. 천사가 따로 없다. 현지 병원에서 응급처치를 받고 깁스를 한 상태로 귀국길에 올랐다. 부부가 함께 귀국할 수밖에 없었는데 '해외여행 보험' 든 것이 있어서 비용(항공료 포함)은 거의 댈 수 있었다는 실화이다. 여기서 두 가지 교훈을 얻는다. 해외여행 보험은 필수이고 유사시 연락 가능한 전화번호를 적어놔야 한다. 그 부부는 치료가 끝나면 다시 카미노 순례길에 도전하겠다는 의욕을 보이고 있다. 군자대로이다. 큰 길, 좁은 길로 다녀야 한다. 풀밭 길은 위험하다. '해외여행자보험'을 의무화한 나라도 있다. 벨라루스나 쿠바 같은 나라인데 꼭 검사하는 것은 아니지만 혹시 모르니 영문 보험증서를 휴대하는 편이 좋다.

배낭 여행을 여러 번 해 본 사람은 크고 작은 도난, 강도 사고를 경험하며 산다. 얘기를 안 하고 조용히 지나갈 뿐이다. 소매치기는 돈 냄새를 맡는다. 외국인을 첫눈에 알아보기에 작전을 짜면 꼼짝없이 당하게 되어 있다. 평생 배낭 여행을 다닌 노련한 선배가 있다. 유럽에서 호텔이나 호스텔보다는 야영장이나 공원에 1인용 천막을 치고 자기를 즐기는 취향이다. 어느 날 야영장에 텐트를 치고 그 안에 주 배낭을 넣었다. 설마 누가 손대랴 싶어서 잠깐 물 뜨러 수돗가에 갔다 오니 배낭이 없어졌다. 큰일이다. 값나가는 물건은 몸에 지니고 다니니까 별 문제가 없었는데 이분은 2개월치 처방약을 그 안에 둔 것이다. 한국인 60세 이상은 둘 중 한 명꼴로 약을 상용한다. 성인병의 일종인데 고혈압약, 당뇨약, 심장병 약 등등 한두 가지 약은 가지고 다니게 된다. 객지에서 처방약을 분실했으니 여간 낭패가 아니다. 공원 여러 군데에 현상금을 내걸었다. 물건은 가져가도 좋으니 처방약만 돌려달라, 그러면 100유로를 묻지도 않고 주겠다. 그러나 허사였다. 처방약은 유럽 현지에서 사기 어렵다. 그래서 그분은 결국 약이 없어서 여행을 중단하고 귀국했다. 객지에 나가면 믿을 사람은 가족밖에 없음을 명심하자. 영문 처방전(병원에서 무료 발급)을 받아 가는 것도 한 방법이다.

브뤼셀 호스텔에 투숙했다. 신원 확인을 꼭 한다. 여권을 확인하고 들어 보낸다. 이 유스호스텔은 보안 시설이 잘 된 큰 호스텔인데 각 방에 4명씩 사용하고 전자 키로 방을 출입하기에 안전하다.

여행자는 방심하고 평소와 달리 복대를 풀어 베개 옆에 두고 잠을 청했다. 더구나 함께 투숙한 젊은이가 밤 9시가 되자 바닥에 무릎을 꿇고 저녁 기도를 드린다. 여행자는 그를 신앙심이 깊은 사람으로 신뢰하게 되었고 함께 기도하자고 하여 감사 기도를 드리고 잠을 청했는데 이 젊은이는 책상에 앉아 밖을 구경하고 있었다. 얼마 후… 잠이 깨어 보니 기분이 이상하다. 그래서 보니 베개 옆에 있던 복대가 풀어져 있고 지갑이 열린 채 바닥에 뒹굴고 있다. 고급 카메라와 스마트폰도 없어졌다. 신용 카드도 두 개나 없어졌다. 새벽 3시인데 놀라서 관리실로 가서 신고하니 폐쇄회로를 점검한다. 그놈이 비상문을 열고 나가는 것이 녹화되어 있다. 외국 숙소는 안전상 이유로 밖에서는 못 들어와도 안에서는 아무 때나 나갈 수 있게 되어 있다. 경찰에 신고했지만 형식적으로 둘러보고 가 버린다. 유럽에서는 국경이 없기에 못 잡는다고 한다. 지나고 보니 그 도둑놈은 계획적으로 잠입했다. 여권 이름도 다르고 캐리어를 두고 갔기에 열어 보니 낡고 빈 캐리어였다. 지나고 보니 잠을 깊이 자도록 마취약을 뿌린 것 같았다. 암담했다. 여행 초입인데 다 잃어버렸으니. 그나마 다행인 것은 여권을 안 가져갔고 '국제운전면허증' 갈피에 끼워둔 100유로짜리 유로화를 못 본 것이다. 경찰서에 가서 도난 신고를 하고 국제 전화로 카드 분실 신고를 했다. 나중에 확인해 보니 외국은 심야에 가게가 문을 닫는다. 돈 쓴 데가 없고 현금 인출기에서 세 번 비밀번호를 누른 흔적이 있다. 비밀번호를 모르니 쓰레기통에 버렸을 것이다. 결국 카드 손실은 막았고 현금 소액과 카메라(귀한 사진 내장)를 잃어버렸고 무엇보다도 나의 길잡이 역할을 하는 스마트폰이 없어서 엄청 고생을 했다. 자칫 유럽 낭인 신세에 처할 뻔했다. 경찰서에 중국 아가씨도 왔는데, 브뤼셀 역에서 캐리어 하나를 내려놓고 잠시 한눈 판 사이에 가방을 들고 갔단다. 그야말로 코 베어 가는 세상인 것이다. 그 안에 여권이 있어서 복잡하게 생겼다. 중국 대사관에 가면 임시여권을 만들어 주지만 제3국엔 못 간다. 귀국만 가능하다. 이래서 여행을 망친 사례이다. 외국에 나가면 믿을 사람 없고 여권이나 카메라 등 귀중품은 잘 때도 몸에 지녀야 한다. 내 몸을 떠나면 이미 나의 것이 아니다. '해외여행보험'에서 40만원 보상받았다.

*여행은 계속되어야 하는 상황에서 현금을 어떻게 조달할 것인가?

신용카드 회사나 은행은 도난 사고시 매뉴얼을 상세히 안내하고 있지만 효용성이 없다. 어렵게 국제 전화를 해도 ARS를 한참 들어야 하고 현지 지사에 알아보라고 하지만 근무 시간이 아니고 빠른 어투로 하는 영어나 현지어 멘트를 못 알아듣는다. 결국 지쳐서 비싼 전화 요금만 날리고 좌절한다. 영사관에서 대출해 주는 방법도 있지만 이 또한 복잡해서 못 한다. 다른 방도를 찾아봐야 한다. 가장 빠르고 좋은 방법은 한인 민박집을 찾는 것이다. 한인 민박집 주인은 한국에 은행 구좌를 가지고 있다. 그러므로 가족이 그 구좌에 입금하고 확인이 되면 현지에서 유로화나 달러를 지급받는 것이다. 물론 세상에 공짜는 없다. 약간의 수수료와 이체료를 부담한다. 그래도 가장 빠르고 확실한 방법이다. 도둑은 어느 사회나 있다. 정도 문제이고 빈도 문제이다. 중남미에서 장거리 버스를 타면 경찰 복장의 무장 깽들이 차를 세우고 다 털어간다. 간혹 성폭행 사고도 복합적으로 일어난다. 공권력, 치안력 부재의 나라가 많다.

여권이나 여권 커버에 외화는 넣어두지 말자. 공항 출입국 근무자들 중에 행실이 나쁜 사람들이 있다. 팁으로 생각하고 슬쩍 꺼내 가기도 하고 숙소에서 등록할 때 여권을 보관한다고 하는 곳도 있다. 이때 돈을 빼놓고 내줘야 한다. 거의 모든 경우에 여권 뒷장에 끼워둔 돈은 사라진다.

Q3: 집시의 소매치기 수법은?
A3: 관심을 딴 데로 돌리고 주머니 뒤져 돈을 꺼내갑니다.

집시들은 보통 두세 명의 여자가 접근한다. 한 사람이 아기를 안고 여행자 얼굴까지 빤히 보며 동냥한다. 여행자는 거기에 신경을 쓴다. 이때 다른 여인이 소매치기한다. 전형적인 집시의 수법이다. 따라서 집시(보면 알 수 있음)가 접근하면 동행하는 남자 뒤로 몸을 피하거나 핸드백, 지갑을 손에 꽉 쥐고 피하는 것이 상책이다. 복대가 아닌 점퍼나 바지 주머니에 넣어둔 돈은 이미 그들 것이다.

중남미 소매치기는 수법이 좀 다르다. 두세 명이 짜고 접근하여 새 똥을 옷에 묻힌다. 그리고는 미안하다며 닦아주는 시늉을 하고 다른 놈이 소매치기를 한다. 즉 정신을 다른 데 집중시키고 털어가는 예가 많다. 그러므로 누가 냄새 고약한 새 똥을 묻히면 사태를 짐작하고 피하는 것이 상책이다. 간혹 남자 아이들로 구성된 또래 강도가 있다. 골목으로 밀어붙이고 위협한다. 그럴 때는 일행과 떨어지지 말고 36계 도망이 최고다. 신발은 편한 것으로 신어야 하는 이유이다. 호루라기를 주머니에 두었다가 불면서 도망가는 것이야말로 유일한 대책이다. 맞서서 싸우려는 것은 위험하다. 칼이나 총을 소지하고 있기 때문이다.

Q4: 경찰은 믿을 수 있나요?
A4: 선진국 경찰은 믿을 수 있어요.

러시아는 한러 비자 면제 협정 체결로 비자가 필요 없다. 그러나 지방 분권제라서 자치 공화국이나 변방 도시에 있는 경찰 등은 이런 사실을 모르고 비자를 트집 잡는 수가 있다. 경찰서에 가자느니, 차에 타라느니 하고 겁박을 주어 돈을 갈취하는 수작이다. 이때는 언어도 안 통하고 싸워도 승산이 없다. 보조 가방에 한·러 비자 면제 협정서(대사관 홈피에 있음)를 복사해 두었다가 보여주거나 외교부 영사 연락처(대개 국경을 통과하면 전화번호가 자동으로 뜬다)에 전화해서 이러이러한 일로 경찰에 연행된다고 알리는 것이 좋다. 영사 보호 제도인데 통역이나 오해를 해소할 수 있다.

중남미 국가의 경찰은 관광객을 보호하기보다는 다른 데 더 신경을 쓴다. 심지어 범인들과 공모하여 갈취하기도 한다. 러시아 경찰은? 대도시는 믿을 수 있지만 소도시에서는 단정하기 어렵다.

*소매치기의 황금 어장 공항

　외국에서 짐을 잃어버린 사고가 의외로 많다. 그 대부분은 공항에서 일어난다. 크고 작은 보따리 두세 개를 몸에 지니고 들고 다니다가 탑승 수속을 위해 짐을 내려놓고 어권과 항공권을 꺼내다 보면 보따리 한두 개는 시선을 놓치게 된다. 특히 유의할 환경은 일행이 여러 명이라고 잘 지키는 것이 아니다. 서로 상대방이 잘 보고 있겠지 하는 생각 때문에 틈새에 사고가 나는 경우가 많다.

Q5: 셍겐조약(Schengen Acquis)이 뭐에요?

A5: 외국인이 EU 국가에 체류할 수 있는 기간에 대한 협정으로, 최초 입국일로부터 90일에서 최대 180일까지 체류할 수 있는 조약입니다. 영국과 아일랜드는 제외됩니다.

　유럽, EU 국가들이 룩셈부르크 셍겐에서 1990년 맺은 조약이다. 외국 여행자들이 자유로이 국경을 드나들다 보니 문제가 생겼다. 테러리스트나 IS 요원들이 수시로 드나든다. 그래서 90일 제한 규정을 만들었다. 즉 90일 이상 체류 금지이다. 따라서 90일을 초과하려면 일단 비 EU 국가로 갔다가 다시 입국해야 한다. 예를 들면 영국에 갔다가 다시 오면 된다. 장기 순례자는 비 EU 국가에 나갔다가 들어왔다는 증빙을 보여야 한다. 호텔 숙박 영수증이나 열차 승차권 등을 보관해 두어야 한다. 만일 규정을 위반했으면 벌금을 물게 되고 다음 입국 때 불이익을 받을 수 있다. 확실히 알아야 할 것은 EU 국가들과 셍겐 조약국은 별개라는 것이다. 비준국 26개국 중에 영국은 없다.

Q6: 물건을 자주 잃어버리는데, 좋은 방법이 있을까요?

A6: 치매는 아니니 본인의 주의가 필요합니다.

흔히 무엇을 잃어 버렸다고 소동을 벌이는 사람들이 있다. 공연히 옆 사람을 의심한다. 그러다가 "아, 여기 있네, 찾았다!" 하는 경우가 종종 있다. 해외 여행을 하다보면 중요한 물건을 배낭이나 주머니에 깊숙이 넣는 것까지는 좋은데 기억력이 확실치 않아 못 찾는 경우이다. 그러므로 특정 물건은 늘 고정 위치에 두어야 한다. 등산복은 바지, 자켓 또는 조끼에 적어도 8개의 주머니가 있고 배낭에 4개 정도의 포켓이 있다. 분명히 잘 둔다고 넣어둔 것이 너무 잘 두어서 못 찾는 경우가 허다하다. 어떤 자원봉사자가 시각장애인 집에 가서 봉사를 한다고 가재도구와 소품들을 자기 식으로 정돈했다. 나중에 시각장애인이 울상이 되었다. 왜냐하면 늘 그 위치에 있던 물건이 옮겨져서 못 찾는 것이다. 이와 같이 늘 두는 공간에 물건을 두는 습성을 갖는 것이 좋다. 끝으로 아무에게나 여권을 내 주면 안된다. 거리에서 신분도 알 수 없는 사복 근무자가 여권을 달라고 하면 보여주기만 하거나 비상시에 대비하여야 한다. 가능한 한 한 손으로 여권을 꽉 잡고 보여주는 것도 방법이다. 치매와 달리 건망증은 젊은이들에게도 많다.

Q7: 수돗물을 마셔도 되나요?

A7: 자칫 배탈 나서 고생하기 쉽습니다.

가장 안전한 물은 광천수(생수), 미네랄워터이다. 간혹 '정수한' 물을 싸다고 사 마시면 예민한 사람은 배탈 날 수 있다. 광천수에도

'가스가 포함된 물'과 '가스 없는 물'이 있다. 러시아에서는 '가스 있는 물'이 인기인데 동양인들은 '가스 없는 물(베즈 가스)'을 선호한다. 어떤 면에서는 '가스 있는 물'이 낫다. 처음엔 시큼한 맛이 나더라도 가스 있는 물이 뒤탈이 없고 뚜껑을 열어 두면 기포가 증발하여 '가스 없는 물'이 된다.

Q8: 보조 배터리 필요한가요?

A8: 필요합니다.

현대인의 여행은 스마트폰과 노트북 또는 태블릿 등 영상 기기를 많이 쓴다. 러시아 열차 3등석은 통로밖에 충전할 곳이 없는데 늘 대기자가 있다. 그래서 보조 배터리를 가져가면 스마트폰의 경우 세 번을 충전할 수 있다. 호스텔에도 개인별로 있기보다는 공용이 많아서 내가 원하는 시간에 충전하지 못할 경우가 있다.

Q9: 캐리어와 배낭 어느 것이 좋을까요?

A9: 연령대와 여행지에 따라 다릅니다.

대체적으로 주니어들은 캐리어를 선호하고 시니어들은 배낭을 선호한다. 캐리어의 장점은 힘이 덜 들고 크다는 점이다. 그러나 간혹 캐리어 바퀴가 빠져서 낭패를 보기도 한다. 반면에 배낭은 휴대성이 좋지만 용량이 작다는 것이다. 러시아 대도시의 경우 도로와 계단(에스컬레이터 등)이 잘 되어 있어서 캐리어가 좋지만 지방 소도시는 계단에 오르내릴 때 배낭이 낫다. 실제로 급한 상황이라면 배낭을 지고 뛰는 것이 쉽다. 캐리어를 끌고 뛰다가 캐리어가 뒤집어지는 상황을 자주 보게 된다. 허리가 튼튼한 배낭 여행자라면 배낭을 권한다.

Q10: 돈은 얼마나 어떻게 가져가는 것이 좋을까요?
A10: 적당히, 개인의 여행에 맞춰 준비합니다.

현금, 카드를 지혜로운 비율로 나눠 보관한다. 카드는 수수료 부담이 만만찮다. 특히 러시아에서는 ATM 기계에서 1회당 인출 금액 제한이 있다. 2천 루블~3천 루블 정도이다. 오래 머물지 않을 국가에서 필요한 환전은 공항이 가장 불리하므로 미화 20달러 정도만 교통비로 환전하고 시내로 가서 필요액을 환전하는 것이 유리하다. 만일 도착 비자비를 징수하는 공항이라면 그만큼 더 바꿔야 한다. 달러나 유로화 현금은 지갑에 몽땅 넣고 다니면 절대로 안 된다. 지갑은 늘 털려도 될 정도(간혹 강도를 만나면 줘버려야 한다)로 넣고 다니고 신용 카드도 못 쓰는 것 한두 장 넣어 둔다. 현금은 나만이 아는 책갈피나 양말 속에 그리고 비밀 벨트 지갑(남자) 등에 분산 보관한다. 러시아 화폐는 한국(KEB)은행에서 환전해 가는 게 가장 유리하다. 원화 기준 50만원 이상 사이버 환전하면 '해외여행자보험'도 기본으로 가입된다. 소요 비용은 일률적이지 않으나 여행사 패키지 비용의 절반 이하이다.

사고의 공통점

천재지변이 아니라면 1차적으로 본인 과실이 크다. 강도가 아닌 한 사소한 부주의나 안전 수칙을 안 지켜서 일어난다. 필요한 서류를 규정대로 가지고 다니고 침착하고 단호하게 대처해야 한다. 스마트폰도 끈이 달린 케이스에 넣어 사진을 찍는다. 가끔 스마트폰을 낚아채 도망가는 일이, 특히 중남미에서는 흔하다. 스마트폰 끈을 팔목에 감고 찍은 후 얼른 안 보이게 속옷에 집어넣어야 한다. 현지인에게 사진을 찍어달라고 부탁도 하지 말자. 그대로 들고 도망가면 그들 한 달 생활비가 되니 늘 관광객을 호시탐탐 노린다. 그 짓도 부자와 가난한 사람들 간의 균등한 배분이라고 생각하기에 죄의식도 없다.

여행을 마치며

굿바이 크라쿠프

참 좋은 세상에 태어나 은총을 많이 받았다. 70이라는 숫자가 적지는 않은데 40일간의 나홀로 배낭 여행을 마쳤으니 은총이 맞다.

철도와 버스 여행은 폴란드 '크라쿠프'에서 맺었다. '크라쿠프'라는 도시는 우리에게 잘 알려지지 않은 도시인데 '성 요한 바오로 2세 교황'님 덕분에 더 유명해졌다. 크라쿠프는 도착 첫날부터 고생이었다. 오래전에 예약한 한인 민박집이 이사를 가 버린 걸 모르고 도착했으니 그야말로 멘붕이었다. 한국 같으면 이사를 해도 전화번호는 안 바뀌는데 몽땅 바꾸고도 개별 통보를 안 해줘서 생긴 숙박 사고였다. 배낭 풀고 지도를 얻고 정보를 듣고 시내 관광을 해야 하는데 일정이 완전히 꼬여 버렸다. 그러나 착한 사마리아인을 만났다. 여호와의 증인 젊은 남자 신자(폴란드인)인데 내 사정 얘기를 듣고 민박집 수소문과 호스텔 안내에 앞장섰다. 낙담하여 기진맥진한 나를 위하여 폴란드 전통 음식 점심까지 대접한다. 고맙고 고맙다. 도처에 수호천사가 있음을 느낀다.

267

'아우슈비츠 수용소'와 '비엘리치카(소금 광산)'와 '바도비체'까지 돌아보고 귀국길에 올랐다. 직항편이 없기에 부득이 오스트리아 수도 빈으로 향했다. 버스로 장장 8시간 걸렸다. 브르노(Brno)를 거쳐 밤 12시경 도착했는데 민박집 주인이 기다리고 있었다. 고국 동포 여행자를 위해서라면 이래야 하지 않을까 한다.

빈에서 2박하며 '성 스테판 대성당'과 '마리아 힐프(성모님의 도움) 성당'을 다시 보니 감격스럽다. 오른쪽 정문 앞에 하이든 동상이 있다. 그가 태어난 동네이다.

주님, 감사합니다.

에필로그

"70세, 잔치는 시작되었다."

그렇다. 아내와 아들딸들이 마련해준 칠순 잔치가 끝나자마자 배낭 두 개 앞뒤로 둘러메고 인천 공항으로 달려갔다. 시베리아 횡단철도 여행을 위하여 블라디보스토크로 날아가기 위해서였다. 가족들은 걱정이 많았다. 아무리 젊게 산다고 한들 70세 나이가 있는데 그냥 편히 여행사 단체 여행이나 가시지 웬 배낭 여행이냐고…. 그것도 나홀로 여행이라니. 그러나 즉흥적인 여행이 아니고 오래 준비한 테마 여행이다. 동방교회의 예술, 전례, 음악 등을 이번 여행의 테마로 잡았다.

틈틈이 러시아어 공부하며 수십 곳의 열차 표 예매와 숙소. 자그마치 40일간 7개국 25개 도시를 모두 인터넷으로 예매하고 다녔다. 예약했던 숙소 세 곳이 모두 펑크가 나서 다른 숙소 찾는다고 비오는 밤거리를 헤맨 추억도 있다. 이런 얘기 가족들에겐 아직 비밀이다. 사소한 트러블이라면 평생 처음으로 가는 도시를 밤에 도착하면 고생이다. 부득이 택시를 타려면 늘 지루한 기 싸움을 해야 했다. 그것도 서툰 러시아어로, 바가지 씌우려는 러시아 택시 운전사와 바가지 안 쓰려는 대한민국 노인 여행자가….

시베리아 열차 여행하다가 니즈니노보고라드 강변에서 개 세 마리와 마주쳤다. 러시아 개는 인종만큼이나 크다. 송아지만 하다. 한 놈이 허벅지를 물었다. 참으로 신기한 것은 나의 비명 소리가 러시아어였다. "니엣뜨, 니엣뜨(안돼)!" 인근에 있던 개 주인이 놀라 뛰어와서 뜯어 말렸다. 다행인 것은 헐렁한 구식 청바지를 입었기에 개 이빨에 뜯기기는 했어도 피부는 다치지 않았다. 그날 밤 호스텔에 투숙하여 혼자 수선해 입고 다녔다.

러시아는 부자 나라는 아니지만 치안은 안전한 나라이다. 사회주의국가 인민은 공권력을 두려워하기 때문이다. 이렇게 24일간의 러시아 여행을 마치고 헬싱키, 발트 3국, 벨라루스, 폴란드로 해서 종착역 오스트리아 빈에서 귀국 비행기를 탔다. 집 떠난지 40일 만이다.

또 책을 냈다. "이젠 책 안 낸다" 하고 다짐했건만 러시아 시베리아 횡단 철도 여행과 발트 3국 버스 여행자는 거의 없다. 그래서 "경험을 나눠야 한다"는 마귀의 속삭임에 또 넘어가 주기로 했다. 개인 사진첩이 되지 않도록 신경 썼는데 독자들이 판단할 일이다.

2016년 8월 15일 광복절, 성모승천대축일에

서울 방배동에서, **지은이**

유라시아 철도여행
발트 3국 버스여행